LES LIMITES

DE

LA FRANCE.

LES LIMITES

DE

LA FRANCE

PAR

AL. LE MASSON.

PARIS,

LEDOYEN, LIBRAIRE-ÉDITEUR,

Palais-Royal,

GALERIE D'ORLÉANS, — 31.

—

1853.

LIVRE Ier

Abandon de la question des limites de la France. — [illegible] — [illegible] de la Provence. — [illegible] — [illegible] — Établissement de la royauté [illegible].

[illegible]

LIVRE Ier.

Actualité de la question des limites de la France.—Influence du territoire sur le caractère et la destinée des nations.—Description topographique de la France.—Tracé de ses limites. —Phases principales de son histoire territoriale. — Gaule indépendante. —Gaule romaine. — Gaule franque. —Féodalité.—Etablissement de la royauté moderne.

A la fin du XVIIIe siècle, la France, gouvernée par des mains faibles et inhabiles, qui la laissaient aller à la dérive, est sortie violemment de son passé et a renié le principe et la forme de gouvernement auxquels elle devait son existence et sa grandeur. Livrée depuis lors à toutes sortes d'expériences politiques et sociales, elle se porte tantôt en avant, tantôt en arrière, un jour à droite, un autre à gauche, sans pouvoir trouver son équilibre et son assiette. Les meilleurs, les plus habiles, les plus glorieux des gouvernemens nombreux et si divers qu'elle s'est donnés ou qu'elle a acceptés n'ont pas duré chacun plus d'une demi-génération. La funeste et inévitable conséquence de tant de commotions politiques a été une perte du sens moral et un grand abaissement des âmes et des caractères. Dans de telles conditions, et en attendant la restauration du principe d'autorité, sans lequel rien de grand et de stable ne peut se fonder en politique, la force, pour peu qu'elle soit honnête et intelligente, est le meilleur moyen de gouvernement, sinon le seul. Aussi est-ce la force qui, par une transformation soudaine et inespérée, a seule pu créer le nouvel état de choses que le suffrage national a mis tant d'empressement à sanctionner, et auquel il vient de donner une forme plus nette et une base plus précise.

Quelque variables que soient le régime intérieur d'un pays et l'esprit de son gouvernement, il est des choses de politique générale et traditionnelle qui ne changent pas, et qui, la part faite aux nécessités du moment, reprennent leur cours naturel ; telles sont, par exemple, les questions de territoire, de puissance et d'influence qui dominent toutes les situations et pèsent sur tous les gouvernemens. Ces sortes d'affaires sont surtout à l'ordre du jour depuis l'avénement du régime actuel. En voyant l'héritier du nom et du pouvoir de Napoléon pratiquer si scrupuleusement à l'intérieur la politique de l'Empire, on doit le croire assez disposé à imiter aussi cette politique au dehors. On ne peut pas oublier d'ailleurs que Napoléon avait pris la France avec ses limites et qu'il l'a laissée sans elles, et que c'est à lui qu'elle est redevable de ses plus grands revers aussi bien que de ses plus grands succès. L'Empire, après avoir porté si loin les armes et la puissance de la France, et fait dans le monde entier un immense et glorieux tapage, s'est terminé par deux invasions qui ont donné l'avantage définitif aux ennemis, et la France est restée amoindrie et relativement plus faible qu'en 1789. Nul règne ou gouvernement ne l'a plus rapetissée après l'avoir agrandie outre mesure. Le pouvoir qui aspire à la succession de l'Empire peut bien désirer de rendre à la France ce qu'elle a perdu sous l'Empire.

Mais nous ne venons pas discuter les chances de guerre européenne qui peuvent naître de l'état actuel de la France, et qui, nous en convenons, ne paraissent pas encore prochaines ; il ne faut jamais tirer d'une situation une conclusion absolue, car c'est la fortune et l'humeur qui gouvernent le monde dans le détail des faits, et qui font éclater les grands conflits dont la cause réelle est dans les caractères, dans les rivalités et dans les intérêts opposés des peuples. Ces conflits sont bien souvent aussi une nécessité géographique, et c'est surtout à ce point de vue que nous voulons parler du territoire et des limites de la France. C'est pour occuper la région qui lui est assignée par la nature et en atteindre les limites que, depuis plus de huit siècles, la nation française a soutenu tant de luttes, et la même cause lui mettra toujours, à l'occasion, les armes à la main. Il est donc du plus haut intérêt d'examiner ce qui a été fait et ce qui reste à faire, de connaître le passé et d'apprécier le présent. Nous sommes ainsi amenés à montrer la formation lente et successive du grand état qu'on appelle la France, en donnant d'abord quelques détails indispensables sur la position et la forme du territoire, et sur toutes les circonstances physiques qui ont pu influer sur les destinées du pays et parfois les décider.

Notre globe se trouve divisé par les accidens de sa surface en compartimens dont la situation, le relief et la nature déterminent le caractère physique et moral, et par suite l'état politique et social des familles humaines qui les occupent. Rien de plus frappant, en effet, que les traits généraux qui distinguent les habitans des montagnes des habitans des plaines;

les peuples insulaires ou maritimes des peuples qui vivent dans l'intérieur des continens; les nations du nord des nations du midi; celles dont le pays est fertile de celles qui ont un territoire âpre et stérile. On peut dire, sans nier cependant les modifications dues aux institutions politiques, que c'est à la géographie qu'il faut demander le secret des destinées primitives des grandes familles humaines. Les montagnes, les plateaux, les plaines qui forment l'ensemble d'un pays; les mers qui le baignent; les fleuves et les vallées qui le sillonnent; les minéraux qu'il renferme; toutes les circonstances physiques inhérentes à sa structure et à sa postion, d'un ordre invariable et supérieur à la puissance humaine; voilà ce qui fait la diversité des races et des nations, et fixe leur état général.

Le pays placé vers le centre du bord occidental de l'Europe, au pied des Pyrénées et des Alpes, entre la Méditerranée, l'Océan et le Rhin, est un de ceux auxquels s'appliquent le mieux ces principes d'observation. Connu dans l'antiquité sous le nom général de Gaule, il n'a plus de nom unique dans les temps modernes; nous lui donnons ici celui de France, parce que la France en occupe les cinq dixièmes, et qu'elle tend à l'occuper tout entier, par cette juste ambition des nationalités de se développer jusqu'aux limites naturelles de leur territoire.

Le sol de la France est, comme celui de toutes les régions d'une certaine étendue, composé de plusieurs systèmes de montagnes, de plateaux et de bassins ; mais deux parties principales déterminent sa structure générale et lui donnent un grand ensemble d'homogénéité et même d'unité. L'une, placée vers le sud-est, est une contrée élevée désignée par le nom de dôme de l'Auvergne ; l'autre, occupant le nord-ouest, une région plate et basse appelée le bassin de Paris. Deux grandes lignes de dépression, les vallées de la Saône et du Rhône à l'est, une série de contrées basses à l'ouest, forment une double voie naturelle de communication entre le nord et le sud, et sont reliées elles-mêmes dans le sud par d'autres contrées basses allant de la Méditerranée à l'Océan.

Le dôme de l'Auvergne est un vaste plateau ondulé, surmonté de quelques sommités, mais conservant une hauteur assez constante. Circonscrit de trois côtés par les lignes de dépression, il se rattache par sa pente septentrionale au bassin de Paris. Il est découpé par des vallées divergentes qui versent ses eaux dans toutes les directions et le mettent en communication avec les lignes et le bassin qui l'entourent.

Le bassin de Paris s'étend au nord-ouest jusqu'au rivage de la Manche; à l'ouest et au sud-est, il s'arrête au pied d'une chaîne de collines dirigée du nord au sud, et au-delà de laquelle un grand plateau peu élevé s'avance, d'un côté, vers la Bretagne, de l'autre, vers la Gascogne. A l'est il est borné par une série de crêtes circulaires et parallèles dont Paris est le centre, et que coupent les vallées des rivières qui convergent vers ce centre. Au nord et au sud il est sans limites bien distinctes, et se fond d'une manière presque insensible, au sud, avec le dôme de l'Auvergne, au nord, avec la masse de l'Europe.

Ce bassin du nord et ce massif du midi forment un noyau auquel les lignes de dépression, les chaînes de collines et les plateaux qui les circonscrivent rattachent tout le reste du territoire.

Les principaux appendices sont : la Bretagne, prolongement du sol vers la Manche et l'Océan, presqu'île composée de deux plateaux dirigés de l'est à l'ouest et séparés par une vallée longitudinale; l'Ardenne, massif qui sert d'appui vers le nord-est au grand bassin du nord; les Vosges, île ou archipel de montagnes, entre les plaines de l'Alsace, de la Lorraine et de la Franche-Comté; enfin, les versans des Pyrénées, des Alpes et du Jura.

L'ensemble de ce territoire s'incline en trois grands versans qui portent leurs eaux à l'Océan, à la Méditerranée et au Rhin. Le versant océanique qui comprend les vallés de la Seine, de la Loire et de la Gironde, est le plus considérable.

Ce simple coup-d'œil sur la carte de la France suffit pour faire comprendre que ce pays doit à la forme et à la disposition de son territoire des avantages marqués, tels que des climats peu différens, des communications faciles, la liaison de ses diverses parties, leur convergence vers un centre commun. La différence de latitude entre le nord et le sud est en partie compensée par l'élévation de celui-ci, de sorte que, sauf le littoral de la Méditerranée, celui du golfe de Gascogne et la série de contrées basses qui les réunissent, le sol de la France présente à peu près partout la même température moyenne; et cette uniformité de climat fait des populations françaises une des plus grandes réunions d'hommes de complexion analogue.

Le bassin septentrional, centre attractif vers lequel tout converge; les plateaux qui prennent naissance sur ses bords et s'étendent vers diverses parties du pays ; le massif méridional d'où tout diverge ; les lignes de dépression qui l'environnent et auxquelles viennent aussi aboutir les pentes des Pyrénées et des Alpes ; tout cela forme un territoire varié, mais bien lié, et favorable aux communications. L'effet naturel d'un tel état de choses doit être de fondre et de rendre uniformes les diverses races qui viennent se rencontrer sur ce territoire ; aussi la France est-elle un des pays de la terre dont la population est le plus naturellement homogène, ou du moins le plus solidement unie.

La différence de relief, si marquée dans la structure du sol français, entre les terres élevées du sud et les plaines du nord, existe aussi dans la configuration générale du continent européen, bas et uni au nord et à l'ouest, élevé et accidenté au sud et à l'est ; mais sur une telle étendue la latitude ne peut être rachetée par la hauteur. Toutefois cette forme géographique de l'Europe n'a pas été sans influence sur la nature, le caractère, les rapports et les destinées de ses populations considérées en masse.

Puisque le grand bassin septentrional est la partie de la France vers laquelle convergent toutes les autres, son centre est l'emplacement naturel de la capitale, et c'est là que doivent venir se grouper les intérêts et les populations. C'est Paris qui occupe cet emplacement; l'importance et le rôle politique de cette ville ne sont donc qu'une conséquence de sa position et de la structure du sol français. D'heureuses circonstances géologiques, telles que la fertilité du sol de la contrée environnante, sorte d'oasis au milieu d'autres contrées moins bien favorisées; l'abondance et la bonne qualité des matériaux de construction, ont dû contribuer beaucoup aussi au développement et à la splendeur de Paris. Des raisons analogues à celles qui font du lieu où se trouve cette ville l'emplacement naturel de la capitale de la France, lui assignent un grand rôle en Europe. Vers le nord-est, le sol français n'a pas de limites nettement déterminées, et se fond avec celui des pays voisins; il en résulte que, dans cette direction, la capitale française peut étendre fort loin son influence ou subir la pression des grandes contrées du nord, et c'est là ce qui fait tour à tour la force et la faiblesse de Paris, devenu depuis longtemps la capitale intellectuelle et sociale, et comme l'abrégé de l'Europe.

La France, si heureuse dans la disposition des diverses parties de son intérieur, n'est guère moins bien partagée sous le rapport des limites. L'Océan la borne à l'ouest, la Méditerranée au sud ; entre ces deux mers, s'élèvent comme une muraille les Pyrénées, qui la séparent de l'Espagne, et forment la plus solide barrière. Au sud-est les Alpes présentent une frontière très-forte, mais assez mal définie à cause de sa trop grande largeur. A hauteur du lac de Genève, elles tournent à l'est pour enfermer l'Italie dans un demi-cercle, tandis qu'une autre chaîne de montagnes, le Jura, formant leur prolongement vers le nord, s'avance obliquement sur le Rhin, au point où ce fleuve prend son cours vers le nord. La contrée si accidentée enfermée entre la crête des Alpes, le Jura et le Rhin, et qui est aujourdhui la Suisse, faisait partie de l'ancienne Gaule. Mais il est plus naturel que sur ce point la limite soit le Jura, barrière analogue à celles des Pyrénées. Entre le Jura et la mer, on prend la ligne du Rhin pour frontière de la France, mais cette ligne n'est pas une limite géographique, du moins sur une partie de son étendue. La belle plaine qui s'étend de Bâle à Mayence, entre les Vosges et les montagnes de la Forêt-Noire, et que le Rhin parcourt dans toute sa longueur, est une région naturelle dont le fleuve est la grande artère, et dont il réunit plutôt qu'il ne divise les populations attirées sur ses rives. Sur ce point, ce sont les Vosges ou les montagnes de la Forêt-Noire que la nature avait destinées à être les frontières de la France. Mais à partir des environs de Mayence, il n'y a plus réellement de limites déterminées ; le Rhin continue à couper des régions naturelles, toutes les autres lignes qu'on pourrait choisir sont dans le même cas et ne seraient pas une aussi bonne barrière ; c'est donc ce fleuve qui doit servir de frontière jusqu'à son embouchure, à moins qu'on ne le franchisse au-dessous de Dusseldorf, pour aller prendre l'Ems, et englober dans le territoire français la Hollande, ce pays creux qui n'est guère qu'une alluvion du Rhin et des fleuves voisins.

La superficie embrassée par ce périmètre, Océan, Pyrénées, Méditerranée, Alpes, Jura et Rhin, est d'environ 62 millions d'hectares. C'est un peu plus que la péninsule des Pyrénées, qui a 58 millions d'hectares, et à peu près l'étendue de la Grande-Bretagne et de l'Italie réunies, qui en ont chacune 30 à 31 millions ; ce n'est guère que le neuvième de la Russie d'Europe, qui comprend 545 millions d'hectares.

Si la disposition du territoire d'un pays et la nature de ses limites ont une influence décisive sur le caractère de sa population et se trouvent en harmonie avec ses destinées, il est une autre circonstance dont l'importance n'est pas moins grande, la position. La France, située vers le centre de l'Europe occidentale, à cheval sur deux mers, voisine de l'Espagne et de l'Italie, c'est-à-dire des populations les plus méridionales de l'Europe, et touhant en même temps à celles du centre et du nord, est essentiellement propre à agir au dehors, à se mêler aux nations voisines, à jouer parmi elles un grand rôle, peut-être même le principal, à les rallier autour d'elle et à les rapprocher les unes des autres. C'est, en effet, ce qui a eu lieu, si bien que l'histoire de la France est souvent aussi celle de tous les pays qui l'entourent. Mais ici se présente un singulier contraste. Les peuples qui par l'origine, la langue, les mœurs, la civilisation, ont le plus de ressemblance avec la France, sont ceux qui en sont séparés par les limites les mieux arrêtées, par les plus fortes barrières ; tandis que d'autres dont le sol se distingue à peine du sien ont avec elle bien moins d'affinité de nature. Si les barrières méridionales du sol français avaient été placées vers le nord, l'Espagne, la France et l'Italie auraient bien pu former une seule nation séparée du reste de l'Europe ; et la civilisation moderne suivait alors une marche toute différente.

La France, par sa position, est le transit de la plus grande partie de l'Europe, le nœud des communications naturelles entre l'Espagne, l'Allemagne, l'Italie, l'Angleterre, et même entre l'Europe et l'Amérique. C'est encore là pour elle une cause d'influence sur toutes ces contrées.

En suivant attentivement, mais sans tenir compte des événemens secondaires et sans entrer dans le labyrinthe des faits et des détails stériles, l'histoire du pays dont nous venons d'examiner le territoire, les limites et la position, on distingue clairement la tendance de ses populations à se conformer à leurs conditions géographiques. Cette vérité est surtout mise en évidence par la formation de la France avec sa belle unité, sa forte nationalité, sa marche progressive vers ses limites naturelles, en un mot par la persévérance de son développement pendant plus de huit siècles, malgré des obstacles et des fautes de toute nature. La France est aujourd'hui, au point de vue du territoire et de la nationalité, le résultat logique mais encore incomplet de l'accord de la politique et de la géographie, accord qui est le but auquel tendent toutes les nationalités.

Les traditions les plus reculées nous montrent la Gaule couverte d'une multitude de nations ou tribus originaires, comme toutes celles de l'Europe, des grands plateaux de l'Asie centrale. Aucun intérêt ne les rapprohe; souvent en guerre les unes avec les autres, leur territoire, leur situation respective et leur régime intérieur changent continuellement; les choses se passaient alors de la même manière dans le monde entier. A la longue, il s'établit entre ces nations quelques relations durables de politique et de commerce, et le druidisme, religion mystérieuse et symbolique, mélange des croyances indiennes et du polythéisme européen, leur sert de lien, et fonde, sous la main des prêtres, une sorte d'unité dans la Gaule. A l'extérieur, la race gauloise joue un grand rôle; ses colonies guerrières sillonnent en tous sens l'ancien monde, et tiennent la principale place en Europe tant que Rome ne franchit pas les Alpes. Alors la Gaule est vaincue, mais après avoir opposé une belle et longue résistance. C'est sa conquête définitive qui illustre César et lui donne le pouvoir suprême à Rome. C'est ainsi qu'il y a un demi-siècle Bonaparte se frayait, à travers l'Italie et l'Égypte, un chemin au trône; et que, de nos jours, les vainqueurs de l'Algérie ont, les uns sauvé la civilisation et exercé la dictature, les autres donné un maître à la France, qui en avait grand besoin, mais qui ne savait trop où en prendre un.

Devenue romaine, la Gaule est la sentinelle et la barrière de la civilisation antique contre la barbarie, et cette civilisation la marque, durant cinq siècles, d'une empreinte ineffaçable. Elle est une des provinces les plus célèbres de l'Empire, à qui elle donne plusieurs empereurs et beaucoup d'hommes éminens dans la guerre, dans la politique et dans les lettres.

Quand l'Empire, débordé de tous côtés, ne peut plus repousser les grandes invasions barbares, la Gaule voit s'établir sur son sol plusieurs peuples du nord, entre autres des Germains associés sous le nom de Francs, et qui se fixent entre la Seine et la Meuse. Vers la fin du ve siècle, Clovis, chef de ces Francs, détruit les restes de la puissance romaine dans la Gaule, pousse vers l'Espagne et l'Italie ou soumet les autres peuples venus d'au-delà du Rhin, arrête une nouvelle invasion des Germains et met fin aux débordemens du nord, et la Gaule commence à prendre le nom de France. Les fils de Clovis se partagent les conquêtes des Francs, qui comprennent tout le pays, sauf quelques parties de l'est occupées par d'autres barbares. Pendant plus de cent ans, les partages, les successions, les conquêtes, les usurpations, tantôt divisent, tantôt réunissent les diverses parties de la France, qui au commencement du VIIe siècle forme quatre royaumes : l'Austrasie, la Neustrie, la Bourgogne et l'Aquitaine. Cent cinquante ans plus tard, elle est réunie tout entière dans les mains de Pépin, qui l'enlève à la postérité de Clovis et fonde une nouvelle dynastie. Son fils Charlemagne fait de grandes conquêtes en Italie, en Espagne et en Germanie, étend de tous côtés la puissance des Francs, et, voulant reconstruire le monde romain, forme un nouvel empire d'Occident. Mais ses successeurs ne peuvent maintenir son œuvre, trop éloignée des idées du temps, et à laquelle la société barbare ne peut se plier. L'esprit de séparation domine partout, et la monarchie de Charlemagne est démembrée. L'empire d'Occident n'est plus que l'empire d'Allemagne ; la France, l'Italie et d'autres grands pays redeviennent indépendans, tout en restant gouvernés par les descendans de Charlemagne, et se divisent eux-mêmes en plusieurs royaumes et états particuliers. A cette même époque, et pendant près de deux siècles, divers peuples étrangers parcourent en tous sens le sol de la France. Les Normands, peuples du nord venus par mer, ravagent les côtes de la Neustrie, remontent la Seine et la

Loire, pénètrent jusque sous les murs de Paris, et obtiennent en fief la contrée qui porte leur nom. Les Hongres, venus par le Haut-Rhin, se répandent comme un torrent jusque vers les Pyrénées. Les Sarrazins, maîtres de la Sicile et du midi de l'Italie, jettent des colonies en Provence et en Dauphiné. Un grand nombre de races distinctes, Francs, Normands, Bourguignons, Aquitains, Bretons, Gascons, Sarrazins, Hongres, se divisent ainsi la France, s'établissant sur tous les points, au milieu des Gallo-Romains. La féodalité, qui date des premiers établissemens des Germains dans l'Empire, apparaît alors de tous côtés; la postérité de Charlemagne occupe toujours le trône, mais laisse perdre son autorité et décheoit rapidement; les possesseurs de fiefs deviennent chaque jour plus puissans, et, dans la seconde moitié du IXe siècle, le régime féodal triomphe complétement.

Pendant les quatre à cinq siècles qui séparent cette époque de celle de la conquête par les Francs, la France fait de grandes choses; elle sauve l'Occident et peut-être l'Europe de l'Islamisme, crée la grandeur et la puissance papale, et devient le foyer et le bras du Catholicisme.

Le régime féodal tire son origine de la distribution

des terres conquises par les Barbares, et surtout par les Germains. Ces terres se divisent en alleux, terres libres dévolues par le sort à des chefs indépendans, et en fiefs, terres concédées par un chef à ses compagnons d'armes en récompense de leurs services de guerre, et pour lesquelles il lui est dû foi et hommage. Les royaumes et tous les états, grands et petits, qui se forment des débris de l'empire de Charlemagne, se constituent féodalement et se partagent, comme les terres, en fiefs ressortissant les uns des autres, et relevant tous de l'autorité souveraine. C'est ainsi que l'empire d'Allemagne et le royaume de France se trouvent bientôt morcelés à l'infini, tout en formant toujours en apparence un seul état sous un seul chef. Les fiefs, d'abord personnels et viagers, deviennent peu à peu héréditaires, et c'est lorsque cette hérédité est généralement reconnue que commence la véritable époque féodale. Les choses se régularisent tant bien que mal, la confusion cesse, et l'on finit par avoir une sorte de système politique et social, une chaîne de mouvances et de vasselages remontant du dernier fief jusqu'à la couronne. Au fond, ce système n'est autre chose qu'une fédération de seigneurs inégaux en puissance, subordonnés entre eux et ayant des droits et des devoirs réciproques, mais jouissant tous d'un pouvoir souverain et héréditaire dans leurs propres domaines, et cherchant sans cesse à rompre le faible lien qui les unit, et à se soustraire à toute espèce de dépendance.

Dès que le système féodal forme la base de toute organisation politique, l'autorité royale perd chaque jour du terrain ; les grands feudataires augmentent leur puissance et deviennent de fait indépendans. Le principe en vertu duquel se transmet la couronne est un mélange d'hérédité et d'élection ; le droit de naissance doit être confirmé par l'acceptation des grands vassaux, qui s'intitulent les pairs du roi. Quatre fois en moins d'un siècle, le trône est occupé par des princes ou seigneurs que leur naissance n'y appelle pas. On revient cependant toujours à la race de Charlemagne, lorsqu'en 987 elle est définitivement renversée par Hugues Capet, duc de France, possesseur de l'Ile-de-France et de quelques domaines environnans, et descendant des quatre rois qui ont été substitués à des Carlovingiens.

Cet événement est le résultat du mouvement de nationalité qui agite le pays depuis le démembrement de l'Empire. Les descendans de Charlemagne sont considérés comme des suzerains de race germanique plutôt que comme des rois de France ; ils ne possèdent aucun domaine en France, et celui d'entre eux qu'on ne laisse pas monter sur le trône est un vassal de l'empire d'Allemagne. En les rejetant pour prendre une autre dynastie, on substitue une royauté nationale au gouvernement fondé par la conquête, et alors seulement apparaît la France moderne. Hugues Capet, duc de France et comte de Paris, et dont la famille, illustre depuis plusieurs générations, a souvent exercé le pouvoir sous les derniers Carlovingiens, prend le titre de roi du consentement des grands vassaux; il est, à proprement parler, le premier souverain français, la tige d'une famille qu'attendent de si belles destinées, le fondateur de cette grande œuvre qui devient la monarchie française. Il est roi comme le sont tous les chefs de dynastie, comme l'ont été ceux des deux premières races, comme le sera celui de la quatrième. Désigné d'avance à tous les yeux, parce qu'il remplit mieux que personne les conditions de la royauté, il est non pas nommé, mais reconnu. Son avénement et son règne sont un fait de nécessité; de là sa légitimité et celle de ses successeurs, et il n'y en a jamais d'autre.

La royauté, dans l'abaissement où elle est tombée, sous les derniers Carlovingiens, n'est plus qu'un nom, un souvenir presque éteint; le premier effet du changement de dynastie est de l'affaiblir encore. Les grands feudataires, en reconnaissant pour roi le duc de France au lieu d'un Carlovingien, n'ont pour but que de se délivrer d'un reste de suzeraineté germanique, et de compléter leur indépendance. A leurs yeux, Hugues Capet n'est toujours que le duc de France, l'égal des ducs de Bourgogne et de Normandie, des comtes de Flandre et de Champagne; le titre de roi n'ajoute rien à son autorité, et ne lui confère que le droit de les commander quand ils se réunissent pour faire la guerre. Cet avénement paraît couronner le triomphe de la féodalité; il devient au contraire l'origine de sa ruine. Hugues Capet veut être un vrai suzerain; il engage l'autorité royale dans une lutte contre la féodalité, et c'est de cette lutte que va sortir la recomposition, ou pour mieux dire, la création de la France. C'est là le grand fait qui marque la fin du xe siècle; on voit poindre la nationalité française dans le bassin de la Seine, entre la Somme et la Loire, d'où, par une action lente mais incessante, elle rayonnera dans tous les sens vers les limites naturelles du sol qu'elle doit couvrir.

Pour comprendre et apprécier ce qui va se passer, il faut connaître quel est alors l'état de morcellement du pays. Il y a quatre espèces de territoires : le domaine royal, les fiefs de la couronne, les fiefs de l'Empire, les pays indépendans. Le domaine royal ne se compose que du duché de France et d'une partie de l'Orléanais avec quelques annexes; sa superficie n'est que le vingt-cinquième du territoire, le vingtième de la France d'aujourd'hui. Les fiefs royaux ou relevant directement de la couronne sont au nombre de plus de soixante. On compte, parmi les plus considérables, les duchés de Normandie, de Bourgogne, de Guyenne; les comtés de Champagne, de Flandre, de Toulouse; tous surpassant ou égalant en étendue le domaine royal. Les fiefs situés au nord du domaine royal sont la Picardie, l'Artois, la Flandre qui s'étend jusqu'au Bas-Escaut et à la mer, et dont Gand est la capitale. La Champagne et la Bourgogne se déployent à l'est; à l'ouest, on trouve la Normandie, puis le Maine et la Bretagne. La Touraine, le Berry, le Nivernais, le Bourbonnais, l'Auvergne, le Limousin, forment un groupe central. Tout le reste est situé dans le sud-ouest, et dans le sud jusque vers les Pyrénées. Le domaine de la couronne et ses fiefs, ce qui forme alors nominalement la France, est borné par l'Escaut, la Sambre, la Meuse, la Saône, le Rhône, la Méditerranée, les Pyrénées et l'Océan. Tout ce qui est au nord et à l'est de ce périmètre est devenu étranger à la France, ainsi que quelques parties qui touchent aux Pyrénées. L'espace compris entre la Flandre, la Champagne, la Bourgogne et le Rhin est sous la dépendance de l'Empire. On trouve au Nord le duché de Basse-Lorraine ; au-delà, sur la Meuse et sur le Rhin, les duchés de Clèves et de Juliers ; à l'est, les archevêchés de Trèves et de Mayence, les villes impériales de Metz, Toul, Verdun, Strasbourg, etc., et enfin la Lorraine et l'Alsace. Les pays du sud-est, entre la Saône, le Rhône, la Méditerranée, les Alpes et le Jura, font partie du royaume d'Arles, qui comprend en outre la Savoie et une grande partie de la Suisse, et s'étend à l'est jusqu'au Rhin. Ce royaume est un Etat indépendant qui s'est formé vers le commencement du siècle. Tout à fait au sud, entre la Méditerranée et la partie des Alpes qui va serrer cette mer et se joindre à l'Apennin, il y a le comté de Nice, qui est aussi un Etat indépendant. Enfin, vers les Pyrénées, quelques petits pays, tels que la Navarre, le Béarn, le comté de Foix, le Roussillon, sont indépendans ou font partie d'Etats situés au-delà de ces monts.

Telle est donc la situation, vers la fin du xe siècle, à l'avénement de Hugues Capet. Le trône, plutôt électif qu'héréditaire; le domaine de la couronne fort restreint, bien moins important en étendue et en population que plusieurs de ses fiefs; le pouvoir royal à peu près nul hors de ce domaine; la partie du territoire à l'est de l'Escaut, de la Sambre et de la Meuse, relevant de l'Empire; le sud-est indépendant; la plus grande partie du versant des Pyrénées indépendant aussi ou appartenant à l'Espagne. Tous ces Etats, principautés, fiefs, etc., quoique répondant pour la plupart à des divisions naturelles, n'ont pas de limites fixes. Ils sont rongés par l'esprit de démembrement, livrés à toutes sortes de dissensions, ou en guerre les uns contre les autres. Chacun d'eux, image du royaume, est désuni comme lui, et divisé en petits domaines dont les seigneurs ne se soumettent à leur supérieur que s'ils n'ont pas les moyens de lui résister. On ne voit nulle part la moindre trace d'unité politique, de lien, d'esprit général.

La nouvelle dynastie s'attache à fortifier son droit de suzeraineté sur les grands feudataires et à rendre le trône héréditaire. L'élection disparaît par le soin que prennent les premiers rois de faire reconnaître leur successeur de leur vivant. Leur politique accoutume peu à peu les esprits à penser que le trône doit être le partage d'un seul, ce qui n'a pas toujours eu lieu jusqu'alors, et cette idée amène celle du droit de primogéniture. Pendant treize générations consécutives, comprenant plus de trois siècles, la couronne passe du père au fils, et ce fait, unique peut-être dans l'histoire, ne contribue pas peu à consolider la dynastie et à fortifier le principe d'hérédité. La loi salique, application à la succession royale de l'ancien code des Francs, en vertu duquel les mâles seuls héritent du fief, complète le principe monarchique fondé sur le triple droit de l'hérédité, de la primogéniture et de la masculinité. Il n'y a là aucun droit divin dans le sens qu'on y a attaché depuis, mais une simple règle de bon sens devenue la loi immuable de l'Etat. Ce n'est ni à un homme ni à une race que la nation se donne, c'est à un principe qui fait sa vie, sa force et sa grandeur. L'expérience démontre la sagesse et la solidité de cette politique. En n'admettant qu'un seul héritier pour le trône ; en réglant d'une manière précise l'ordre de succession et en rejetant les femmes et leurs descendans, on ne laisse aucun prétexte à des prétendans, on éloigne du trône les familles étrangères, on maintient l'Etat dans la tranquillité, on conserve les institutions améliorées avec le temps et sans convulsions. Voilà les avantages incontestables de l'hérédité ; et quant à la crainte de lui voir produire des princes incapables, l'expérience est encore là pour répondre.

La comparaison des rois de France avec les chefs des pays où le pouvoir est électif est concluante en faveur de l'hérédité, et prouve que le hasard de la naissance, modifié par l'éducation et les traditions, est bien préférable aux chances et aux intrigues de l'élection. Les trente-deux rois qui gouvernent la France de 987 à 1792 ont la plupart les qualités essentielles des chefs d'Etat, et dix au moins, c'est-à-dire le tiers, sont, les uns d'habiles politiques, les autres d'illustres capitaines, quelques-uns de véritables grands hommes. La série des chefs que se donnent, dans le même espace de temps, l'Empire, la Pologne, Venise, le Saint-Siége même, est loin de valoir celle des monarques français. Il en est toujours ainsi de l'hérédité et de l'élection, par des causes inhérentes à la nature humaine et aux conditions de toute société. Les chefs héréditaires, dont l'intérêt se confond avec l'intérêt public, sont généralement doués de l'esprit d'ordre, de conservation et d'amélioration ; les hommes d'un génie supérieur que peut fournir l'élection, ne jouissant que d'un pouvoir précaire qu'ils ne peuvent transmettre à leur famille, sont la plupart du temps indifférens et assez souvent contraires au bien de l'Etat.

LIVRE II.

Formation de la France. — Développement de son territoire. — Son extension progressive vers ses limites naturelles. — Résumé historique depuis la fin du Xe siècle jusqu'à la Révolution. (987-1792.)

Hugues Capet et ses premiers successeurs ne sont point des conquérans, et ne font rien d'éclatant; mais ils ont l'esprit de conduite, l'art de tout attirer à eux, de profiter de la propension des populations à s'agglomérer, et ils accroissent constamment leur puissance. Ces qualités politiques passent à leurs descendans, et deviennent le partage de toute la race; aussi, malgré bien des vicissitudes, malgré des fautes et des accidens sans nombre, la France ne cesse de se développer pendant huit cents ans. Plus d'une fois, tout paraît confondu, et l'œuvre est sur le point d'être anéantie; mais une sagesse habile finit toujours par dissiper le danger, rétablit le cours naturel des choses, et la monarchie et le pays sortent de chaque crise fortifiés et agrandis.

Hugues Capet consacre son règne (987-996) à abattre la résistance que rencontre de tous côtés son autorité de suzerain. Il est sans cesse à la tête de ses hommes d'armes, courant, tantôt contre les seigneurs de son domaine, tantôt contre les grands vassaux, et promène partout l'étendard royal. Il triomphe du Carlovingien qui prétend à la couronne. Il intéresse à la fortune royale le clergé et les barons par des concessions aux églises et par de nombreuses distributions de bénéfices religieux et militaires.

Les trois règnes suivans, ceux de Robert II, de Henri Ier et de Philippe Ier, qui remplissent tout le XIe siècle (996-1108), se passent dans les mêmes soins, et se traînent péniblement à travers la société féodale. Ces commencemens de la royauté, qui ne peuvent être qu'une époque de transition, sont une des périodes les plus obscures de l'histoire, et l'on ignore toutes les difficultés qu'ont à vaincre les premiers Capétiens. L'œuvre dont on jette les fondemens est d'abord si peu appréciable qu'elle passe inaperçue, et que personne, ni souverains, ni sujets, n'en soupçonne la grandeur.

Des événemens de la plus haute importance pour

l'avenir de la France marquent le cours du XIe siècle : la première réunion de la Bourgogne, le démembrement du royaume d'Arles et du duché de Basse-Lorraine, la conquête de l'Angleterre par les Normands, le commencement des croisades. Le duc de Bourgogne, frère de Hugues Capet, meurt sans héritier mâle, et son duché est réuni à la couronne ; mais trente ans après, Henri Ier le donne en apanage à l'un de ses frères, qui commence une seconde maison de Bourgogne. Les apanages territoriaux sont un des plus grands vices de la politique royale, qui par eux perd souvent d'un côté ce qu'elle vient d'acquérir de l'autre ; ils ont été l'abus le plus persistant. Le royaume d'Arles, passé sous la domination impériale, se démembre ; la partie occidentale, comprise dans le territoire naturel de la France, forme des états indépendans comme la Savoie, la Provence et le Dauphiné, ou des fiefs impériaux comme la Bresse et la Franche-Comté. Le duché de Basse-Lorraine, sans cesser d'appartenir à l'Empire, se morcelle en plusieurs fiefs distincts et indépendans les uns des autres, le Brabant, le Hainaut, le Luxembourg, etc. Ces deux démembremens ne peuvent manquer d'être favorables à la France ; mais il en est tout autrement de la conquête de l'Angleterre par le duc de Normandie (1066). Le roi Philippe Ier commet la faute de rester spectateur indifférent d'une si grande affaire qui va rendre le vassal plus puissant que le suzerain, et qui doit faire courir un jour de tels dangers à la France, qu'elle est sur le point d'être conquise par les Anglais. Ce même roi voit commencer les croisades (1095) ; loin d'y prendre part, il profite de l'absence de ses vassaux, partis en grand nombre pour la Terre-Sainte, pour réunir à la couronne quelques domaines sur lesquels elle a des droits : le comté de Bourges, le Vexin, le Gatinais.

Son successeur, Louis VI (1108–1137) combat de tout son pouvoir le système féodal, institue ou développe les communes qui deviennent un puissant auxiliaire de la royauté, protége les églises contre les seigneurs. Sa vie se passe à assiéger les châteaux et dompter les seigneurs de ses domaines, et à intervenir dans les guerres des vassaux. Il veut enlever la Normandie aux Anglais, mais ceux-ci suscitent contre lui l'Empire. La France, fortement menacée, se lève tout entière avec enthousiasme, communes, barons, grands feudataires, et son attitude suffit pour dissiper le danger : c'est la première démonstration vraiment nationale (1124).

C'est vers cette époque que la lutte qui a lieu dans

les divers états de l'Europe entre l'autorité royale, le pouvoir féodal et l'esprit municipal, devient décisive, et donne à chaque nation les mœurs et les institutions politiques qu'elle a encore de nos jours. La royauté triomphe en France et y fonde l'unité, et, jusqu'à un certain point, l'égalité. En Angleterre, c'est l'aristocratie qui retient le pouvoir qu'elle manie toujours si habilement. Le fédéralisme prend racine en Allemagne, le municipalisme en Italie. Le temps n'a fait que développer et consacrer ces résultats, sans jamais les modifier.

Louis VII (1137–1180) agrandit le domaine royal en achetant des fiefs que beaucoup de seigneurs, qui vont aux croisades, sont obligés de vendre pour subvenir aux frais de ces expéditions lointaines. Il épouse l'unique héritière du dernier duc d'Aquitaine, et devient ainsi possesseur de la Guyenne, de la Gascogne, de la Saintonge et du Poitou ; mais bientôt, mécontent de la conduite de sa femme, il la répudie, et, par ce divorce impolitique, perd un si riche patrimoine ; perte d'autant plus regrettable, que la reine répudiée va porter cette dot dans la maison d'Angleterre, qui, par des alliances et des successions, a déjà ajouté à la Normandie, le Maine, l'Anjou et la Touraine.

Sous Philippe II, premier roi conquérant, la politique et les armes de la France prennent un caractère plus vaste et plus national, le principe monarchique domine de plus en plus, le territoire royal s'agrandit considérablement. Ce prince, dont le règne ferme le XIIe siècle et ouvre le suivant (1180-1223), acquiert par mariage l'Artois; réprime les prétentions de quelques grands vassaux; arrache la Picardie au comte de Flandre; confisque une partie de l'Auvergne; achète un grand nombre de villes et de châteaux dans diverses parties de la France; enlève à l'Angleterre la Normandie, l'Anjou, le Maine, la Touraine et le Poitou; triomphe à Bouvines d'une puissante coalition; assure toutes ses conquêtes, et prend une prééminence marquée sur tous les princes de l'Europe. Mais son successeur Louis VIII (1223-1226) perd une bonne partie de ces acquisitions, en détachant de la couronne l'Artois, le Poitou, le Maine et l'Auvergne pour les donner en apanage à des princes du sang.

Louis IX (1226-1270) s'applique à faire régner la justice et à bien administrer, résiste aux prétentions du clergé, triomphe de la révolte de quelques vassaux soutenus par l'Angleterre, affaiblit la féodalité. Il n'agrandit pas le royaume, mais fortifie la royauté en lui donnant l'autorité morale qu'elle n'a point encore, et est un des grands législateurs de la France. Les deux croisades qu'il entreprend, et dans lesquelles il échoue, terminent ces grandes expéditions de l'Europe chrétienne contre l'Asie et l'Afrique musulmanes qui durent depuis deux siècles, et ne sont qu'une phase de la lutte entre la religion du Christ et celle de Mahomet. Ces guerres, qui ont eu tant d'influence sur la civilisation de l'Europe, ont poussé la France à l'unité politique, affaibli et même ruiné beaucoup de vassaux, et accru le domaine de la couronne.

Un des frères de Louis IX, Charles, possesseur du Maine et de l'Anjou, épouse l'héritière du comté de Provence et fait la conquête du royaume de Naples, que sa postérité conserve près de deux cents ans. Un de ses fils, par son mariage avec l'héritière du Bourbonnais, devient la tige de la maison de Bourbon.

Pendant le règne de Philippe III (1270-1285), la couronne hérite, par réversion, des comtés de Valois, de Poitou et d'Auvergne, du Languedoc ou comté de Toulouse, de quelques parties de la Saintonge, de l'Aunis, du Rouergue, du Quercy et du Comtat-Venaissin. Elle aliène ce dernier pays, situé entre le Rhône et la Durance, aux Papes, qui acquièrent un peu plus tard la ville d'Avignon des comtes de Provence, et se forment ainsi dans l'intérieur de la France un domaine dont ils font leur résidence pendant la plus grande partie du XIVe siècle. Il est confisqué plusieurs fois par la couronne, dans ses démêlés avec le Saint-Siége, qui, pour se le faire rendre, transige plus facilement avec les intérêts spirituels, et parvient à le conserver jusqu'à la fin du XVIIIe siècle.

Philippe IV (1285-1314), par son mariage avec l'héritière de la Navarre et de la Champagne, réunit à la France ces deux pays, dont le premier s'étend alors des deux côtés des Pyrénées. Il achète à l'Angleterre le reste du Quercy et acquiert aussi le Vivarais et l'Angoumois. Lyon, ville libre depuis le démembrement du royaume d'Arles, se donne à lui. Une longue et sanglante lutte contre les Flamands révoltés, une violente querelle avec le Saint-Siége, qui veut être le suzerain des rois; la destruction de l'ordre des Templiers; la première convocation des Etats-Généraux, appellent l'attention de l'histoire sur ce règne.

Philippe IV laisse trois fils. L'aîné, Louis X, meurt sans laisser d'enfant mâle, et c'est à cette occasion qu'est établie ou plutôt reconnue la loi salique, qui fait passer la couronne sur la tête de son frère, Philippe V, dont le mariage avec l'héritière de la Franche-Comté réunit ce domaine à la couronne. Ce prince, qui meurt aussi sans enfant mâle, a pour successeur Charles IV, troisième fils de Philippe IV; sa veuve se remarie avec le duc de Bourgogne, qui devient ainsi possesseur de la Franche-Comté. Durant ces trois règnes, qui ne comprennent qu'un espace de quatorze ans (1314-1328), on voit une réaction féodale à laquelle le trône résiste mal; de grands désordres financiers; de nombreux affranchissemens et anoblissemens; une organisation régulière des milices urbaines; quelques combats contre des seigneurs de Guyenne, qui, excités et soutenus par l'Angleterre, font des excursions sur le domaine de la couronne. L'Angleterre est alors livrée à de grands troubles. Si la France, usant de justes représailles, profitait de l'occasion pour attaquer les possessions anglaises du continent, elle s'agrandirait facilement, et surtout elle préviendrait la longue et funeste lutte dont elle va être le théâtre et la victime pendant plus d'un siècle.

Charles IV, n'ayant pas non plus d'enfant mâle, la loi salique donne la couronne à un collatéral,

Philippe de Valois ; mais la fille de Charles hérite de la Navarre, où les femmes peuvent régner, et qui est alors détachée de la France. Philippe VI (1328-1350) laisse continuer la réaction féodale, qui se prolonge même sous le règne suivant. C'est alors qu'éclate la grande guerre avec l'Angleterre. Une rivalité qui remonte à Guillaume-le-Conquérant ; des difficultés continuelles au sujet des fiefs pour lesquels l'Angleterre doit foi et hommage à la couronne de France, sa suzeraine ; les prétentions des rois d'Angleterre à cette couronne, par suite de l'extinction de la branche directe des Capétiens ; des antipathies de mœurs et de caractère ; des oppositions d'intérêt ; voilà les causes de cette terrible lutte connue dans l'histoire sous le nom de guerre de Cent-Ans, parce qu'elle dure en effet à peu près ce temps-là (1337-1440), interrompue à de rares intervalles par de courtes trêves ou par des traités qui ne sont pas observés, et se rallumant toujours avec acharnement. Les Anglais l'ouvrent par trois grands succès, la bataille navale de l'Ecluse, la bataille de Crécy, la prise de Calais ; ils occupent la Picardie et la Normandie. Ces pertes au nord sont en partie compensées par des agrandissemens dans le midi. Le prince, possesseur du Dauphiné, n'ayant pas d'héritier, le donne au roi de France. Le comté de Montpellier est acheté au roi d'Aragon. Mais l'Orléanais est donné en apanage à l'un des fils du roi. C'est sous Philippe VI, et à l'occasion de la guerre avec les Anglais, que la France commence à former une marine.

Le règne suivant, celui de Jean (1350-1364) n'est qu'une série de malheurs et de pertes de territoire. Les Anglais sont constamment victorieux, et le roi, fait prisonnier à la funeste journée de Poitiers, reste plusieurs années entre leurs mains. Ils pénètrent en Champagne, en Bourgogne, et jusque sous les murs de Paris. On fait la paix, et par le traité de Brétigny, l'Angleterre obtient Calais, le comté de Guines, la Saintonge, le Poitou, l'Agenois, le Périgord, le Quercy, le Limousin, l'Angoumois, le Rouergue et le Bigorre ; elle possède tout le sud-ouest de la France, de la Loire aux Pyrénées. Le duché de Bourgogne fait une seconde fois retour à la couronne par extinction de la famille, dont il est l'apanage ; mais Jean le donne à son second fils Philippe, tige de la troisième maison de Bourgogne, si brillante et si puissante, et qui balance longtemps le pouvoir du trône.

Jean laisse le royaume dans l'état le plus déplorable ; amoindri, épuisé par la guerre, ravagé par la Jacquerie et par les Grandes Compagnies, en proie aux factions. L'habile et sage Charles V (1364–1380) répare tous ces maux. Il raffermit l'autorité royale, pacifie la Bretagne, déchirée depuis longtemps par la guerre civile ; force le roi de Navarre à désavouer ses prétentions sur quelques provinces et même à la couronne ; éloigne les Grandes Compagnies, qu'il envoie guerroyer en Espagne. Bientôt la guerre se rallume avec l'Angleterre, car la paix n'est jamais sincère entre les deux pays Les succès sont variés ; les Français envahissent la Guyenne, les Anglais parcourent l'Artois, la Picardie, la Champagne, et campent plusieurs fois devant Paris. Les provinces cédées par le traité de Brétigny cherchent à secouer le joug de l'Angleterre. Charles fixe la victoire de son côté et conquiert l'Angoumois, qu'il donne en apanage à son second fils, le Poitou, la Saintonge, le Limousin et la Guyenne ; il meurt au milieu de ces succès. Sous ce règne, le domaine recouvre par réversion l'Orléanais, qui est aussitôt réaliéné en faveur d'un fils du roi.

Le règne de Charles VI (1380–1422), plus malheureux encore que celui de Jean, commence par les querelles des princes du sang qui se disputent la régence pendant la minorité du roi, par de grands troubles à Paris au sujet des taxes, et par une révolte des Flamands. La guerre avec les Anglais continue. Le roi tombe en démence, ses oncles se disputent de nouveau la régence, et l'état est déchiré par une longue et affreuse guerre civile. Le roi d'Angleterre, qui avait consenti une trêve, reprend les armes, remporte une grande victoire à Azincourt, s'empare de la Normandie, met dans ses intérêts la reine et le duc de Bourgogne qui trahissent l'État, et se fait couronner à Paris roi de France. Envahi par les Anglais et toujours en proie aux factions, le royaume tombe en dissolution et touche à sa ruine. A la mort de Charles VI, les Anglais, avec le duc de Bourgogne, leur allié, tiennent dans leurs mains les trois quarts du royaume tel que l'a laissé Charles V. Il ne reste à la couronne que la Touraine, le Bourbonnais, le Lyonnais, le Dauphiné, une partie de l'Auvergne, de la Saintonge et du Languedoc avec quelques châteaux vers les Pyrénées et la Méditerranée, et quelques villes au nord de la Loire.

Charles VII (1422-1461) ne désespère pas de la fortune de la France ; il ranime les courages et réveille le sentiment de la nationalité dans les provinces tombées au pouvoir des Anglais ; la lutte devient une vraie guerre d'indépendance. Après quelques succès dans le midi et vers la Loire, le roi voit ses forces et ses ressources augmenter à chaque pas. Paris lui ouvre ses portes. Les Anglais, abandonnés par le duc de Bourgogne, perdent non-seulement toutes leurs conquêtes récentes, mais encore leurs anciennes possessions, et sont définitivement chassés de France ; il ne leur reste que Calais sur le continent et les îles de Jersey, de Guernesey et autres, situées tout près des côtes de Normandie, dans l'angle que forment ces côtes avec celles de la Bretagne. Duguesclin, Dunois, La Hire, Xaintrailles, la Trémouille et surtout Jeanne-d'Arc, sont les principaux héros de cette lutte de plus d'un siècle, et la France, qu'ils ont fait échapper à un naufrage regardé longtemps comme certain, ne doit pas avoir de noms plus chers que les leurs. Charles VII, qui a pris le royaume réduit des trois quarts et prêt à se dissoudre, le laisse agrandi, plus fortement lié dans ses diverses parties et pouvant compter sur un avenir prospère. C'est à lui qu'on est redevable de la création des armées permanentes, grande force pour la royauté, grand progrès pour l'art de la guerre et aussi puissant auxiliaire de la civilisation que l'imprimerie elle-même.

A Charles VII, qui a sauvé et raffermi l'État, succède le prince le plus propre, par ses défauts aussi bien que par ses qualités, à en maintenir et à en développer la grandeur. Le règne de Louis XI (1461-1483) ouvre une ère nouvelle à la monarchie. Administration, politique, diplomatie, tout, sous ce souverain ferme et habile, tend à fortifier le pouvoir et l'État, et à améliorer le sort du pays. Les grands vassaux sont forcés de reconnaître l'autorité royale, non plus seulement par de simples actes de déférence et d'hommage, mais par une véritable subordination ; les communes voient leurs franchises étendues et n'ont plus à redouter les vexations des seigneurs; la royauté devient le faîte et la garantie de l'ordre social. On lui reproche d'avoir détruit l'aristocratie, et c'est là une des plus grandes erreurs historiques. A aucune époque on ne trouve d'aristocratie en France. Avant comme après Louis XI, Richelieu et Louis XIV, la noblesse n'est qu'une caste sociale privilégiée, jamais une classe politique, un corps gouvernant ; elle a même si peu le goût et le génie des affaires que de tous temps, les principaux hommes d'état, ministres, diplomates, financiers, appartiennent à la bourgeoisie. La noblesse française se cantonne pour ainsi dire dans la magistrature, l'église et l'armée, dans celle-ci surtout. Ce qui fait son mérite et sa gloire, c'est d'être une race militaire incomparable, brave et dévouée, pleine d'entraînement et d'énergie. Son rôle, dans la création de la France, est de prodiguer son sang sur les champs de bataille, soit en opposant aux invasions une frontière de fer, soit en portant au loin les armes. La carte de France a été faite à la pointe de l'épée et à la trace du sang de cette noblesse. Louis XI, et après lui Richelieu et Louis XIV, n'ont jamais songé à détruire une classe soutien fidèle et désintéressé de la royauté et de l'État, et dont le principal sinon l'unique privilége a été de veiller sans cesse sous les armes. Ils ont seulement voulu qu'il n'y eût plus de vassaux indépendans, de princes factieux, de seigneurs turbulens ; qu'il ne restât point de trace de la puissance féodale. Le gouvernement monarchique de la France a été une royauté faite selon le caractère de la nation, trop peu compatible avec une aristocratie politique.

Louis XI profite habilement de toutes les occasions qui se présentent d'accroître le territoire ; astucieux et peu délicat, tous les moyens lui sont bon s Il confisque les duchés d'Alençon et d'Armagnac, reprend au duc de Bourgogne quelques villes de la Champagne, de la Picardie et de la Normandie que lui a cédées Charles VII pour le détacher des Anglais; se fait donner le Roussillon par le roi d'Aragon en garantie de sommes considérables qu'il lui a prêtées. Il a de grands démêlés avec la maison de Bourgogne qui, par héritages, mariages, achats, conquêtes, a successivement acquis la Franche-Comté, l'Artois, la Flandre, tout l'ancien duché de Basse-Lorraine, la Hollande et quelques territoires allemands vers le Rhin. Il fait alliance avec la Suisse qui devient un rempart pour la France; il se fait craindre de l'empereur et rechercher des rois de Castille et d'Aragon, et des souverains d'Italie; il excite l'Ecosse contre l'Angleterre; il met, au grand avantage de la France, la main dans toutes les affaires de l'Europe. A la mort du dernier duc de Bourgogne, Charles-le-Téméraire, qui ne laisse qu'une fille, Louis XI convoite toute cette riche succession, si fort à la convenance de la monarchie française dont elle doublerait la puissance. La Bourgogne, fief masculin, fait retour à la couronne; mais tous les autres domaines appartiennent à la fille de Charles, qui les porte en dot dans la maison d'Autriche, et Louis XI fait de vains efforts pour s'en emparer ou du moins pour prévenir un résultat si préjudiciable à la France. Il est plus heureux ailleurs. La postérité mâle de Charles d'Anjou vient de s'éteindre, et la couronne recouvre le Perche et l'Anjou; mais Louis XI se prétend aussi héritier de cette famille pour la Provence, qui n'a cependant jamais fait partie du domaine royal. Il s'en empare malgré les réclamations et l'opposition de l'héritier légitime, le duc de Lorraire, et la France gagne tout le littoral compris entre le Rhône et le Var.

L'extinction prématurée de la maison de Bourgogne est une des principales causes qui ont arrêté le développement de la grandeur française. En échappant alors à la France pour passer sous la domination de l'Allemagne, les Pays-Bas deviennent l'origine d'une longue et sanglante rivalité entre les maisons d'Autriche et de France, tandis qu'en restant un état indépendant, sans lien avec l'Allemagne, et par suite moins capable de résister à la France, ils auraient été absorbés par elle plus tard comme tout ce qui les environnait au midi, l'Artois et la Flandre, la Lorraine et l'Alsace.

Le successeur de Louis XI, Charles VIII (1483-1498), laisse le roi d'Aragon reprendre le Roussillon, mais acquiert la Bretagne en épousant l'unique héritière de ce duché ; les côtes de l'Océan sont ainsi réunies à celles de la Manche, et, des Pyrénées au Pas-de-Calais, la France possède tout le littoral. Le royaume, fort et compacte, s'étend au midi et à l'ouest jusqu'à ses limites naturelles ; il est, au contraire, très-resserré à l'est et au nord, et c'est là qu'il doit porter toute son attention. Mais une ambition mal entendue l'engage dans une longue suite d'expéditions en Italie qui deviennent une des grandes fautes de la politique française. Charles VIII veut conquérir le royaume de Naples sur lequel il a des droits comme héritier de la maison d'Anjou, et rêve d'aller ensuite chasser les Turcs de Constantinople ; un fol enthousiasme s'empare de la nation et l'entraîne vers les contrées du Midi. Le roi franchit les Alpes à la tête d'une puissante armée ; rien ne lui résiste, et le voilà maître de Naples. Mais aussitôt plusieurs états italiens et l'Espagne se liguent contre lui, et il perd sa conquête aussi rapidement qu'il vient de la faire. Il meurt sans enfant, et laisse le trône au duc d'Orléans.

Louis XII (1498-1515), en montant sur le trône, rapporte l'Orléanais au domaine de la couronne, et, en épousant la veuve de Charles VIII, conserve la Bretagne à la France. Il gouverne avec sagesse, mais sa politique extérieure est la même que celle de son prédécesseur ; il veut reconquérir le royaume de Naples, et réclame le duché de Milan comme lui appartenant du chef de son aïeule, Valentine Visconti.

Ces prétentions l'entraînent dans des guerres et des difficultés interminables avec les puissances italiennes, les Suisses, l'Espagne, l'Empire qui, tantôt ses alliés, tantôt ses adversaires, le trompent continuellement. Les Français remportent de brillantes victoires et éprouvent de cruels revers dans la péninsule qu'ils parcourent dans tous les sens et dont ils finissent par être chassés ; ils sont aussi battus en Flandre par les Impériaux, et sur les Pyrénées par les Espagnols. Une paix générale remet les choses sur le même pied qu'avant la guerre, et le royaume s'est épuisé en efforts inutiles.

A Louis XII, mort sans enfant mâle, succède François Ier, qui apporte à la couronne son patrimoine, le comté d'Angoulême, et qui, en épousant la fille aînée du roi défunt, a déjà assuré la réunion de la Bretagne devenue définitive par ce troisième mariage. Sous François Ier, la France continue de guerroyer en Italie, et lutte contre l'ambition de Charles-Quint, qui menace l'indépendance de l'Europe. A peine sur le trône, le nouveau roi court au-delà des monts faire valoir ses droits sur le Milanais, qu'il conquiert à Marignan. Il aspire à la couronne impériale, mais Charles-Quint, archiduc d'Autriche, roi d'Espagne et possesseur de tous les états de la maison de Bourgogne, l'emporte sur lui.

La guerre éclate entre ces deux rivaux, et l'Angleterre se joint à l'empereur. La France, attaquée sur tous les points, rejette les Espagnols au-delà des Pyrénées, repousse les Allemands de la Champagne, les Anglais de la Picardie; mais du côté de l'Italie elle n'éprouve que des revers et laisse envahir la Provence. Le roi, fait prisonnier à Pavie, est emmené en Espagne et ne recouvre la liberté qu'en signant le traité de Madrid (1526), par lequel il cède à Charles-Quint la Bourgogne et le Milanais, et renonce à toute suzeraineté sur la Flandre et l'Artois, qui sont déclarés séparés de la monarchie. La Bourgogne et tout le royaume protestent contre ce traité; il n'est pas exécuté, et la guerre recommence. C'est encore en Italie que sont envoyées les principales forces de la France, et non contre les Pays-Bas, dont la conquête est si désirable. Les Français pénètrent jusqu'à Naples, mais sont ensuite battus et forcés de se retirer. On fait de nouveau la paix, et le traité de Madrid est confirmé, sauf la cession de la Bourgogne. Charles-Quint tient toute l'Italie en sa possession ou sous sa dépendance; mais les affaires si compliquées de ce pays rallument bientôt la guerre. Les Impériaux attaquent la Provence et la Picardie;

les Français ne veulent toujours que se tenir sur la défensive au nord, tandis qu'ils envahissent la Savoie et le Piémont, dont le souverain suit le parti de l'empereur. Les succès sont variés, et la lutte, interrompue de temps à autre, se prolonge jusqu'aux dernières années du règne de François. La France fait alliance avec les Turcs, l'Empire avec les Anglais. On se bat partout, en Piémont, en Provence, en Roussillon, en Picardie, dans le Luxembourg, et aussi sur mer. Tandis que les Français font une descente dans l'île de Wight et triomphent en Piémont, où est le gros de leurs forces; l'empereur et le roi d'Angleterre envahissent la France par le nord. Mais nulle part il n'y a d'affaires décisives, et la fatigue et l'épuisement réciproques amènent une paix qui vaut à la France une partie de la Bresse et de la Savoie, et le marquisat de Saluces, fief impérial enclavé dans le Piémont, mais qui lui enlève Boulogne et quelque territoire en Picardie.

Dans le cours de ce règne, le Bourbonnais, le Forez et le Beaujolais sont confisqués sur le duc de Bourbon révolté, et qui commande en Italie les armées de Charles-Quint contre la France. Ce prince périt en prenant Rome d'assaut, et en lui finit l'une des branches de la maison de Bourbon.

François Ier laisse le trône à son fils Henri II, dont le règne (1547–1559) est aussi une lutte continuelle contre Charles-Quint. Henri rachète Boulogne; s'allie aux protestans d'Allemangne ennemis de l'empereur; prend Metz, Toul et Verdun, villes impériales; occupe la Lorraine et s'avance en Alsace jusqu'aux portes de Strasbourg. Charles-Quint fait vainement les plus grands efforts pour reprendre Metz, et perd encore d'autres villes de ce côté et en Flandre; et si les Français ne s'obstinaient pas à envoyer au-delà des Alpes l'élite de leurs troupes, ils pourraient remporter au nord des avantages décisifs; mais, tandis qu'ils guerroyent avec succès en Savoie et en Piémont, dans le Milanais et la Toscane, et jus que dans le royaume de Naples, et qu'ils enlèvent la Corse à Gènes, devenue l'alliée ou plutôt la vassale de l'empereur, ils éprouvent à Saint-Quentin, vers la frontière du nord, une défaite qui met le royaume en grand péril. Ils rétablissent cependant leurs affaires de ce côté, et prennent même Calais à l'Angleterre, qui vient de se joindre à l'Empire et à l'Espagne. Mais Henri II, las de la guerre, ne sait pas profiter de ses succès, et signe (1559) une paix que désapprouvent ses hommes de guerre et ses hommes d'état les plus sages et les plus clairvoyans. De tant de conquêtes faites sous ce règne et sous le précédent, les états du duc de Savoie, le Montferrat, une partie de la Toscane, la Corse, un assez grand nombre de places dans les Pays-Bas et vers la Lorraine, la France ne garde que Metz, Toul, Verdun et Calais sur la frontière des Pays-Bas ; Pignerol et le marquisat de Saluces en Piémont. C'est là tout le fruit qu'elle retire de soixante ans de guerre au-delà des monts qui lui coûtent bien plus de sang et de trésors qu'il n'en fallait pour reculer fort loin sa frontière du nord, et qui ne lui donnent même pas celle des Alpes. Il est vrai que le contact de l'Italie civilise le royaume encore à demi-barbare, et y développe le goût des lettres et des arts ; mais la première affaire pour toute nation est de s'agrandir et de posséder au moins son territoire naturel ; les conquêtes de la civilisation ne doivent venir qu'après, et la France au XVIe siècle a mieux à faire que de s'adonner à une culture énervante. D'ailleurs, en voulant imiter, comme l'Italie, l'art antique, elle perd son art national qui vient de lui donner tant de merveilles d'architecture. Enfin, les mœurs et le caractère, si détestables alors, des populations italiennes, exercent une fâcheuse influence sur la vie nationale des Français.

Charles-Quint vient de disparaître de la scène du

monde; la couronne d'Espagne et la couronne impériale ne sont plus réunies sur la même tête, et c'est l'Espagne maintenant qui possède la Franche-Comté et les Pays-Bas comprenant la Hollande, la Belgique et la Flandre française actuelles, le Luxembourg et l'Artois. Lointaines, isolées, séparées de l'Espagne par la France même au sol de laquelle elles appartiennent, ces possessions sont mal assurées, et il en est à peu près de même du Roussillon, pays en deçà des Pyrénées. C'est là une situation très-favorable aux vues de la France, et, pour comble de bonheur, voilà que les Pays-Bas veulent se séparer de l'Espagne dont la domination leur est odieuse. Mais au moment où la France entretient des espérances d'agrandissement si bien fondées, les dissensions religieuses et la guerre civile qui en est la suite la précipitent dans un abîme de maux, la ruinent, l'exposent aux coups de ses voisins et compromettent son existence, sous les règnes de François II, de Charles IX, de Henri III, et pendant une partie de celui de Henri IV (1556-1595). La Réforme, cause de ces funestes événemens, est alors la grande affaire de l'Europe. Ses conséquences politiques sont immenses, car elle donne l'existence à la Hollande, fait la grandeur de l'Angleterre, et arrache l'Allemagne au joug du clergé. Mais en France, le protestantisme, contraire aux mœurs, au caractère et aux traditions du pays, n'a pas plus de raison d'être qu'en Espagne et en Italie, et il n'y est qu'une occasion de troubles et de luttes sanglantes et stériles. La royauté le persécute bien moins par intolérance ou fanatisme que par raison d'état ; elle le juge une doctrine hostile qu'il faut combattre et détruire. Mais les ambitions et les rivalités politiques, les haines privées et toutes les mauvaises passions se couvrent du manteau de la religion, et allument la guerre civile. A la tête du parti catholique qu'ils trompent sont les Guises, branche de la maison de Lorraine établie en France au commencement du siècle ; race vaillante et habile, qui, sous François Ier et Henri II, vient de rendre les plus éclatans services, et qui aujourd'hui, égarée par l'ambition, veut supplanter la dynastie, et devient le fléau du pays. Les princes de la maison de Bourbon, héritiers du trône après les Valois, embrassent la doctrine nouvelle, pour devenir les chefs du parti huguenot, ennemi des Guises.

Sous François II, qui ne fait que passer sur le trône (1559-1560), les Guises exercent toute l'autorité. Sous Charles IX (1560-1574) a lieu l'horrible événement de la Saint-Barthélemy. Le règne de

Henri III (1574-1589) voit se former la Ligue dont le but est d'écarter les Bourbons du trône, et qui ouvre les portes de la France à l'étranger. Ce prince rend Pignerol au duc de Savoie. A sa mort la crise augmente, et la ruine du royaume est aussi imminente qu'à l'époque de l'invasion anglaise.

L'avénement de Henri IV enrichit la France de tout le patrimoine de la maison de Bourbon ; la Navarre française, le Béarn, le Périgord, le comté de Foix et quelques terres adjacentes. Mais ce prince est repoussé du trône par la Ligue, l'Espagne, la Savoie et le Pape. Paris lui ferme ses portes, et la plus grande partie du pays, attachée au catholicisme, voit avec regret la couronne sur la tête d'un protestant. Henri soutient résolument ses droits, combats les Ligueurs et les Espagnols, et triomphe de tous ses ennemis. La France reconnaît dans le nouveau roi un des hommes en qui s'incarnent les destinées d'un pays ; il abjure le protestantisme ; les partis se réconcilient et se rallient autour du trône, la tranquilité reparaît, et ce règne (1589-1610) devient le salut et la régénération du royaume. Les troubles apaisés, Henri IV dirige ses coups contre l'Espagne. Après une guerre assez peu active, qui se fait surtout vers les Pays-Bas et la Franche-Comté, et dont les succès sont variés, cette puissance, fort occupée par la révolte d'une partie des Pays-Bas, signe la paix. Henri se retourne contre le duc de Savoie qui, pendant la guerre civile, s'est emparé du marquisat de Saluces et a même pénétré en Provence ; il le bat et le force à lui céder la Bresse, le Bugey et le pays de Gex, en échange de ce marquisat (1601). La France acquiert une contrée limitrophe et considérable, en renonçant à une possession éloignée et peu importante, et reporte sa frontière de la Saône au Rhône supérieur. C'est le retour à une politique sage et naturelle, et l'abandon de la politique d'aventure si obstinément et si malheureusement suivie depuis Charles VIII. La maison de Savoie, dont les possessions s'étendaient jusqu'alors à peu près également de chaque côté des Alpes, est rejetée en Italie, et fait partie désormais des puissances italiennes. Elle continue cependant à posséder une partie du versant occidental, la Savoie, française de toutes manières, mais que, par sa rare habileté, elle sait toujours défendre contre la France.

Le XVIIe siècle s'ouvre sous les meilleurs auspices. Henri IV, bon capitaine, habile politique, sage administrateur, secondé par Sully, doué des mêmes talens que lui, et qui de plus est un grand financier, cicatrise toutes les plaies, ramène l'ordre et la prospérité, exerce au dehors une grande influence, et prépare la grandeur du royaume. Il commet cependant une grande faute en rejetant la demande des Maurisques, restes des anciennes populations maures que la fanatique Espagne expulse de son sol, et qui désirent s'établir dans les landes de Gascogne. Cette race, de plus d'un million d'âmes, laborieuse et énergique, peuplerait et défricherait un vaste territoire, et augmenterait en population et en autres ressources les forces de la France, pour les grandes choses qu'elle va entreprendre pendant tout le XVIIe siècle.

La grande pensée de Henri IV est d'abaisser la maison d'Autriche, et d'enlever à l'Espagne ce qui lui reste des Pays-Bas, dont toute la partie septentrionale, devenue indépendante, s'est constituée en république sous le nom de Hollande. Il amasse des sommes considérables, fait des armemens et attend l'occasion. Il la trouve dans la succession des duchés de Clèves et de Juliers, à laquelle prétendent plusieurs princes allemands; s'allie aux protestans d'Allemagne, au duc de Savoie et aux Grisons, à la Suède et à la Turquie, et déclare la guerre à l'Empire. Mais il tombe sous le poignard d'un assassin, et meurt pleuré de toute la France dont il est l'idole, et qui l'adore encore aujourd'hui.

Les grands et sages projets de Henri IV disparaissent avec lui ; la France change entièrement de politique, se rapproche de l'Espagne, et manque ainsi des conquêtes certaines. Le règne de Louis XIII (1610-1643) est, dans ses commencemens, tout rempli de troubles et de désordres qui minent l'autorité royale et les forces du pays. Ce n'est qu'avec peine que l'ordre se rétablit, et les affaires ne sont bien conduites que lorsqu'elles se trouvent dans les mains de Richelieu, génie formidable, le premier des hommes d'état de tous les temps, et qui rend la France du XVIIe siècle capable d'accomplir tant de grandes choses, et de dominer l'Europe par la politique et par les armes. Affranchir le pouvoir royal de toute entrave ; agrandir le territoire jusqu'à ses limites naturelles ; abaisser l'Espagne et surtout la maison d'Autriche ; voilà les œuvres auxquelles il se consacre et qu'il poursuit, à travers mille difficultés, avec une habileté et une énergie incomparables. Jamais les vrais intérêts d'un pays n'ont été si bien compris ni si bien dirigés. Tout en abattant les restes de la puissance politique des protestans vainement secourus par l'Angleterre ; tout en soutenant une lutte continuelle contre les grands, les courtisans, les brouillons et les mécontens qui forment toutes sortes de cabales et vont jusqu'à se liguer avec l'étranger, Richelieu ne perd pas de vue un seul instant les affaires du dehors, et met la main dans tout événement qui peut étendre la puissance ou l'influence de la France, ou abaisser celles des puissances ses rivales. Il trouve dans la guerre de Trente-Ans, lutte terrible des états protestans de l'Allemagne contre l'Empire et les états catholiques; dans les affaires de la Valteline; dans la succession de Mantoue, les occasions et les moyens de réaliser ses grands projets. En Allemagne, il assiste des subsides et de l'influence de la France les états protestans, suscite contre l'empereur les Danois, puis les Suédois, dont il solde les troupes; en Italie, il déjoue les projets de l'Espagne, de l'Autriche et de la Savoie, qui veulent s'emparer des duchés de Mantoue et de Montferrat; il occupe la Valteline, qu'il replace sous la dépendance de la Suisse, et sépare ainsi les possesions espagnoles des états autrichiens. Au nord, il s'allie avec la Hollande pour la conquête des Pays-Bas catholiques; au midi, il songe à conquérir le Roussillon, et à soutenir la Catalogne et le Portugal prêts à se révolter contre l'Espagne. Le terrain ainsi préparé, il engage ouvertement la lutte, et fait combattre, avec toutes les chances possibles de succès, l'unité vigoureuse de la France contre les forces éparses et multiples de l'Espagne et de la maison d'Autriche, qu'il attaque sur tous les points : dans les Pays-Bas, sur le Rhin, dans la Franche-Comté, en Italie, vers les Pyrénées. Il veut que les Pays-Bas, en tout ou en partie ; la Lorraine, l'Alsace et d'autres pays allemands ; la Franche-Comté avec quelques parties de la Savoie ; enfin le Roussillon, deviennent Français. C'est compléter la France vers les Pyrénées et le Jura, lui donner une partie du versant des Alpes et de la ligne du Rhin, élargir considérablement la frontière au nord et au nord-ouest ; c'est la mise à exécution des projets de Henri IV, mais fort agrandis et bien plus savamment combinés. Richelieu n'obtient pas d'abord les succès sur lesquels il a le droit de compter ; les forces ennemies sont considérables, et une partie de celles de la France doivent être employées à l'intérieur contre des factions redoutables. Il meurt au milieu de la lutte, quand tout commence à céder à son génie (1642).

Ce grand homme n'a pas borné ses vues à l'agrandissement du territoire ; le commerce, la marine, les colonies, tout ce qui peut faire la grandeur d'un pays, a été aussi l'objet de ses soins. Il y a plus d'un siècle que la France a commencé à s'établir au-delà des mers; elle a, sous Louis XII, François Ier et Henri IV, pris pied en Amérique et aux Indes; elle occupe la Louisiane, le Canada, la Guyane, Pondichéry. Richelieu donne du développement à ces établissemens; prend possession de la Martinique et de la Guadeloupe, dans les Antilles; de l'île Bourbon, au-delà de l'Afrique méridionale, et veut même occuper Madagascar; il ouvre partout un large champ à la colonisation, à la navigation et au commerce.

Louis XIII meurt quelques mois après Richelieu; et, sous la direction de Mazarin, qui reste fidèle à sa politique, le règne de Louis XIV, le plus long de tous (1643-1715), s'ouvre de la manière la plus heureuse. La guerre est poussée vigoureusement, et les armes de la France triomphent partout. Condé, le Bonaparte du XVIIIe siècle, a su devenir, tout jeune encore, digne du commandement. De 1643 à 1648, dans cinq brillantes campagnes en Flandre et sur le Rhin, commençant par Rocroy et finissant par Lens, il se montre l'égal des plus grands capitaines, et devient avec Turenne, qui se forme plus lentement et en l'imitant lui-même, le maître de cette foule de bons généraux qui vont donner tant d'éclat aux armes françaises, et si bien servir la politique de Louis XIV. La longue suite de victoires de la France et de ses alliés est couronnée par le célèbre traité de Westphalie (1648), qui met fin à la guerre de Trente Ans, pacifie l'Allemagne en conciliant les intérêts des catholiques et des protestans, établit une sorte d'équilibre entre les grandes puissances, consacre l'indépendance des petits Etats, et devient le code politique et le droit public de la plus grande partie de l'Europe. La France gagne, à ce traité, l'Alsace et la renonciation définitive de l'Empire à toutes les possessions qu'elle lui a enlevées depuis un siècle ; elle restitue la Lorraine, dont elle s'était emparée, et ne garde, de ses conquêtes vers les Alpes, que le territoire de Pignerol. Mais elle exige de l'Espagne le Roussillon avec la Franche-Comté et une partie des Pays-Bas. L'Espagne ne peut se décider à de tels sacrifices, et refuse d'accéder au traité. La France ne peut rien désirer de mieux ; dans l'état des choses, la guerre contre l'Espagne seule ne va être qu'un jeu pour elle, et les plans de Richelieu vont être réalisés dans presque toute leur étendue. Mais arrive la Fronde, un de ces funestes événemens qui tant de fois déjà ont arrêté la grandeur de la France. Elle divise et épuise les forces du royaume, met aux prises ses meilleurs capitaines, jette Condé dans les rangs de l'ennemi, et, grâce à ces malheurs et à ces crimes, l'Espagne peut résister. La guerre continue pendant dix ans, avec des succès divers, et la France voit souvent l'ennemi pénétrer assez avant sur son territoire. L'Espagne entraîne dans son parti la Lorraine; la France s'allie aux Anglais, et met enfin la victoire de son côté. La Lorraine est complétement envahie, le Roussillon et une partie de la Catalogne sont conquis; et dans les Pays-Bas, où Turenne et Condé se combattent pendant plusieurs années, le premier l'emporte dans ce long duel des deux plus grands hommes de guerre de l'ancienne monarchie. Le traité des Pyrénées (1659), œuvre de l'épée de Turenne et de la diplomatie de Mazarin, complète celui de Westphalie. La France obtient le Roussillon, une partie de l'Artois, et plusieurs places sur la frontière du Nord; elle pardonne à Condé, et restitue la Lorraine, mais en en démantelant les principales frontières, et en s'y réservant, en toute souveraineté, une route militaire d'une demi-lieue de large, pour communiquer avec l'Alsace et le Rhin. La Lorraine, ainsi traitée et pressée entre la Champagne et l'Alsace, ne peut plus guère échapper à la France. La lutte, si habilement engagée par Richelieu, avait duré vingt-cinq ans sans interruption; sans la Fronde, le succès était bien plus rapide, et à peu près complet.

Mazarin meurt peu de temps après le traité des Pyrénées, et le roi, qui désormais gouverne par lui-même, continue la politique de Richelieu, et se montre l'homme le plus vraiment roi qui ait jamais existé. Le Nivernais, seul grand fief encore subsistant, fait réversion à la couronne. A la mort du roi d'Espagne, dont il a épousé la fille aînée, Louis XIV réclame comme son héritage les Pays-Bas et la Franche-Comté, qui sont des fiefs féminins, et les envahit avec des forces considérables. L'Espagne, prise à l'improviste, occupée de la guerre de Portugal et agitée par les troubles de la minorité de Charles II, défend mal ses provinces attaquées. Mais la Hollande, fort inquiète pour elle-même des progrès et du voisinage de Louis XIV, amène l'Angleterre et la Suède à s'unir à elle pour secourir l'Espagne, et prévenir la réunion des Pays-Bas à la monarchie française. Devant cette opposition, et pour ne pas exposer sa marine naissante à une lutte trop inégale, le roi de France s'arrête, mais en gardant contre la Hollande le plus vif ressentiment. Il évacue les provinces qu'il a envahies, sauf quelques portions de l'Artois et de la Flandre que lui cède l'Espagne par le traité d'Aix-la-Chapelle (1668). La France et l'Espagne dans cette circonstance devaient se rapprocher au lieu de se combattre. L'Espagne, impuissante à réduire le Portugal, pouvait, au prix des Pays-Bas, obtenir l'assistance décisive de la France; c'était là des deux côtés un intérêt de même nature et la vraie politique nationale. Le Portugal est à l'Espagne ce que la Belgique est à la France.

C'est surtout depuis ces premières entreprises de Louis XIV sur les Pays-Bas catholiques que l'Angleterre, la Hollande et l'Allemagne ont fait toute sorte d'efforts pour empêcher la France de s'étendre de ce côté. Dans toutes les questions de territoire et d'équilibre, leur préoccupation constante a été de conserver ces contrées à l'Espagne ou à l'Autriche.

Louis XIV, tout entier à la pensée de se venger de la Hollande, fait de grands préparatifs contre elle, lui enlève ses alliés, et, de concert avec l'Angleterre, lui déclare la guerre sous les motifs les plus frivoles. Il s'empare rapidement d'une grande partie du pays que secourt en vain l'Espagne reconnaissante; et les Hollandais, épouvantés, demandent la paix en offrant la plus grande partie de ce qu'ils possèdent sur la rive gauche du Rhin, ce qui enclaverait les Pays-Bas espagnols dans la France.

Au lieu d'accepter, pour se retourner ensuite contre les Espagnols, Louis XIV montre les exigences les plus outrées, et qui entraîneraient la ruine de la Hollande. Celle-ci prend alors le parti désespéré d'ouvrir ses écluses et de percer ses digues, et l'invasion s'arrête devant un pays entièrement inondé. L'Europe s'alarme de l'ambition de Louis XIV ; l'Angleterre se détache de lui ; l'Autriche et toute l'Allemagne prennent, comme l'Espagne, le parti de la Hollande. La France tient tête à cette coalition. Louis XIV, Colbert et Louvois dirigent avec habileté et vigueur la politique et les finances ; Condé, toujours actif et audacieux ; Turenne, dont le génie ne cesse de grandir ; Luxembourg, digne élève de tels maîtres ; Vauban, le grand ingénieur ; Duquesne, l'habile marin, triomphent partout avec des forces inférieures. La paix se signe à Nimègue (1678). La Hollande, si malheureuse au début de la guerre, ne perd rien ; ce sont ses alliés, l'Espagne et l'Empire, qui paient les victoires de la France à qui ils cèdent : à l'est, la Franche-Comté, Fribourg et quelques territoires sur les deux rives du Rhin ; au nord, diverses parties des Pays-Bas qui complètent l'Artois, la Flandre française et le Hainaut français. La limite du Jura est atteinte, et la frontière du nord, élargie et portée aux points où elle est encore aujourd'hui, va être dorénavant couverte par plusieurs lignes de places fortes qui la rendront aussi solide que possible. La possession de Fribourg, de Pignerol et de quelques annexes au-delà du Rhin et des Alpes livrent à la France l'entrée de l'Allemagne et de l'Italie. La Lorraine, à qui sa position ne permet pas la neutralité, et dont Louis XIV trouve toujours le souverain dans les rangs de ses ennemis, avait été envahie par les Français dès les premières hostilités; le traité de Nimègue ne stipule rien à son égard, elle continue d'être occupée, et devient de plus en plus dépendante de la France.

Quelque temps après, Louis XIV s'empare de plusieurs villes et territoires enclavés dans l'Alsace et dans les autres pays cédés à la France depuis la paix de Westphalie, et même de leurs annexes situées hors du territoire français, en se fondant sur certaines stipulations du traité de Nimègue concernant ces pays. Les puissances étrangères se plaignent, l'Allemagne surtout, mais elles n'agissent pas, et la France fait, en pleine paix, et sans qu'il lui en coûte rien, des réunions aussi importantes que les conquêtes d'une guerre heureuse. Elle acquiert le duché de Deux-Ponts, Strasbourg, Luxembourg, Landau et un assez grand nombre d'autres villes.

Mais vers la même époque une violente et impolitique persécution contre les protestans fait sortir du royaume deux à trois cent mille d'entre eux, qui vont porter à l'étranger, avec leurs richesses et leur industrie, leur haine contre Louis XIV, et dont un certain nombre prend les armes contre la France dans les deux longues guerres qui vont remplir la seconde moitié du grand règne. Une partie de ceux qui n'ont pas voulu s'exiler, irrités de plus en plus par les persécutions, s'insurgent et font dans les montagnes des Cévennes une guerre civile difficile à éteindre, et qui détourne de la frontière des forces considérables au moment même où l'étranger est partout vainqueur.

Depuis près d'un siècle, la France n'a que des succès; jamais elle n'a été si forte ni si glorieuse, et elle est incontestablement la puissance prépondérante de l'Europe. L'Europe entière prend ombrage de l'attitude ambitieuse de Louis XIV; le grand roi ne fait rien pour dissiper ces inquiétudes, et il se forme contre lui une nouvelle et plus puissante coalition, à la tête de laquelle se place l'Angleterre, neutre dans la dernière guerre, et que maintenant la

France aura toujours pour adversaire. La guerre éclate en 1688; on se bat dans les Pays-Bas, sur le Rhin et en Italie, et l'on fait de part et d'autre des efforts immenses. Louis XIV n'a plus ses grands ministres, ni ses grands capitaines, et les gens de cour commencent à l'emporter près de lui sur les hommes d'état et sur les hommes de guerre. Toutefois, il a encore de bons généraux de terre et de mer, Luxembourg, Vauban, Catinat, Tourville; ses troupes sont valeureuses et disciplinées, et il conserve une supériorité assez marquée sur ses nombreux ennemis. La lutte dure dix ans sans qu'il en sorte rien de décisif, et la paix de Ryswick (1697) laisse les choses à peu près sur le même pied qu'avant la guerre. La France laisse rentrer le duc de Lorraine dans ses états, abandonne ce qu'elle possédait au-delà des Alpes et sur le Rhin, et restitue à l'Espagne, qu'elle a intérêt à ménager, Luxembourg et quelques autres villes.

La grande affaire de la succession d'Espagne fait bientôt reprendre les armes à toute l'Europe. Charles II n'a pas d'héritier direct, et la maison d'Autriche et la maison de Bourbon, qui ont, par les femmes, des droits à son héritage, font entre elles divers traités de partage proposés par l'Angleterre et la Hollande, qui cherchent surtout à empêcher que les Pays-Bas deviennent français. La monarchie espagnole comprend : en Europe, l'Espagne, les Pays-Bas, le Milanais, le royaume de Naples, la Sicile, la Sardaigne, les Baléares et quelques places sur le littoral italien ; en Afrique, plusieurs villes de la côte septentrioale et des établissemens sur la côte occidentale ; en Amérique, dans les Antilles, dans les mers de la Chine, d'immenses possessions. Le traité de partage auquel on s'arrête donne à la France Naples et la Sicile, les places du littoral italien, la partie de l'Espagne comprise entre les Pyrénées et l'Ebre, et enfin la Lorraine en échange du Milanais. La couronne d'Espagne avec les Pays-Bas et toutes ses autres possessions des Deux-Mondes doit passer sur la tête d'un prince de la maison d'Autriche. Mais l'Espagne ne veut pas voir démembrer sa grande et belle monarchie, et encore moins son propre territoire, et Charles II institue son unique héritier un petit-fils de Louis XIV, sous la seule condition que la couronne d'Espagne ne sera jamais réunie à celle de France (1700). Louis XIV doit opter entre ce testament, favorable à sa famille et conforme aux vœux des Espagnols, et le traité de partage bien autrement avantageux à la France et que la politique nationale lui conseille de maintenir. Cédant à la fois et à un vaniteux intérêt de famille et à un noble mais impolitique sentiment d'équité envers l'Espagne, il accepte le testament qu'il n'a, du reste, nullement suggéré. C'est là la faute du règne, faute qui fait manquer la fortune de la France, en déviant, dans la circonstance la plus décisive, de la politique de Louis XI, de Henri IV et de Richelieu.

L'acceptation du testament irrite la maison d'Autriche, l'Angleterre et la Hollande, bien qu'en réalité il soit moins dangereux pour l'équilibre européen que le traité de partage qu'elles ont signé. Ces trois puissances veulent arracher à la maison de Bourbon son magnifique héritage, surtout les Pays-Bas et l'Italie, et forment contre elle une ligue à laquelle accèdent la plupart des Etats de l'Europe. La lutte, engagée d'abord en Italie, s'étend successivement dans les Pays-Bas, en Allemagne, sur la Méditerranée et l'Océan, en France et en Espagne. Les armées de la coalition, commandées par Eugène et Marlborough, grands capitaines, habiles politiques et ennemis implacables de Louis XIV, triomphent des armées françaises et espagnoles, moins nombreuses, mal dirigées, et perdant leur discipline et leurs vertus militaires. C'est en vain que la France fait les plus vastes efforts et s'épuise d'hommes et d'argent; elle subit des défaites multipléis, et se voit réduite à une effroyable détresse. Ses ennemis, qui croyent la tenir bientôt à leur discrétion, rejettent dédaigneusement toutes ses offres de paix; mais un effort suprême la relève; Villars et Vendôme ramènent la fortune de son côté; Duguay-Trouin et Jean-Bart tiennent tête à la marine anglaise, et cette guerre, malheureuse dans son cours et dans ses résultats, finit non sans gloire. Les traités d'Utrecht et de Radstadt (1713-1714) pacifient l'Europe, et règlent le sort des diverses parties de la monarchie espagnole. La France ne fait aucune perte de territoire en Europe; mais, en Amérique, elle cède à l'Angleterre l'Acadie avec quelques petites îles et pêcheries. La couronne d'Espagne avec toutes ses possessions d'outre-mer reste au petit-fils de Louis XIV, Philippe V; mais l'Angleterre conserve Gibraltar et Minorque, dont elle s'est emparée. Les Pays-Bas, le Milanais, Naples et la Sardaigne passent sous la domination de l'Autriche. Le duc de Savoie obtient, avec le titre de roi, la Sicile qu'il échange ensuite pour la Sardaigne, et quelques parties du Milanais. Le duc de Mantoue, qui s'est déclaré pour la maison de Bourbon, est dépouillé de ses Etats que se partagent l'Autriche et la Savoie. L'électeur de Prusse est reconnu roi, et reçoit la principauté de Neuchâtel et quelques dépendances des Pays-Bas vers le Rhin. La Hollande stipule qu'elle aura le droit de garnison dans un certain nombre de places fortes des Pays-Bas pour être mieux en état de s'opposer aux entreprises de la France contre ces provinces.

Malgré ses fautes et ses revers, Louis XIV est resté inébranlable; il a, pour la troisième fois, tenu tête à l'Europe; il a placé la couronne d'Espagne sur la tête d'un de ses descendans; il a gardé et consolidé ses conquêtes; ce sont là de grands résultats. Heureuse la France si, un siècle plus tard, et dans des circonstances analogues, Napoléon eût pu lui conserver, non toutes ses conquêtes, mais au moins celles de la République! Les dernières années du règne de Louis XIV et les dernières de l'Empire offrent d'ailleurs d'assez grandes ressemblances. politique fausse et contraire aux intérêts du pays; décadence des vertus militaires; armées immenses mal administrées, assez mal disciplinées; généraux fatigués, dégoûtés ou inhabiles; populations épuisées d'hommes capables de porter les armes.

Les grandes modifications apportées à la situation et aux relations des diverses puissances de l'Europe par la succession et la guerre d'Espagne, laissent la France à peu près dans la même position qu'à l'époque de Ryswick. Si la maison d'Autriche redevient, comme au temps de Charles-Quint, maîtresse des Pays-Bas, moins toutefois la Hollande, et d'une grande partie de l'Italie, en revanche, la maison de Bourbon lui enlève l'Espagne avec toutes ses possessions d'Afrique et du Nouveau-Monde, et la France et l'Espagne, rivales et ennemies depuis plus de deux siècles, vont désormais être unies comme le veut leur politique naturelle. La France n'est pas déchue, mais elle a perdu la plus belle occasion de s'agrandir, et, de plus, elle s'est épuisée et a failli se perdre pour soutenir le plus mauvais et le plus contraire à ses intérêts des deux partis qu'elle avait à prendre.

Pendant ces grands événemens qui remuent les deux mondes, la couronne de France acquiert, par réversion, le Dunois et le Vendômois, petits pays de l'Orléanais, et la principauté d'Orange, enclave du Comtat-Venaissin.

Le règne de Louis XIV est l'époque brillante de la marine française. La politique de ce grand roi est encore plus maritime que continentale. Aidé du génie de Colbert, il se crée de grandes forces de mer en encourageant le commerce et la navigation marchande, en rendant la France sans rivale pour les pêches lointaines, et en publiant un code maritime plein de sagesse. La marine et le commerce de Venise et de la Hollande sont en décadence, et ceux de l'Angleterre n'ont pas encore autant de développement que ceux de la France, qui, pendant la dernière partie du XVIIe siècle, est en possession de l'empire des mers. L'île de Saint-Domingue, la plus grande des Antilles, est en partie conquise par de simples flibustiers français sur l'Espagne, qui en cède alors la moitié à la France. Les établissemens de l'Inde s'étendent et prospèrent, et ceux de l'Amérique du Nord comprennent l'Acadie, le Canada, la Louisiane et les grandes vallées du Mississipi et des Lacs. Mais la guerre de la succession d'Espagne et les cessions du traité d'Utrecht deviennent l'origine de la décadence maritime.

Louis XIV survit peu à la paix d'Utrecht et de Radstadt, dernier acte de son long et majestueux règne, et est remplacé sur le trône par son arrière-petit-fils, Louis XV, qui l'occupe un demi-siècle (1715-1774). Pendant la minorité du nouveau roi, et sous la régence du duc d'Orléans, la France s'éloigne de l'Espagne et se rapproche mal à propos de l'Angleterre. L'Espagne, qui veut reconquérir les états italiens qu'elle a perdus dans la guerre de la succession, essaie vainement d'agiter l'Europe; son attaque contre l'Empire n'a pas de suite. La paix générale est maintenue, et dure depuis vingt ans, lorsque l'élection d'un roi de Pologne occasionne la guerre. A la mort d'Auguste II, Les Polonais prennent pour roi Stanislas, beau-père de Louis XV, et qui a déjà occupé le trône, dont l'a fait descendre la Russie. Mais cette puissance, de concert avec l'Autriche et la Saxe, veut imposer aux Polonais un autre souverain, envahit la Pologne et chasse Stanislas. La France, qui ne peut aller combattre les Russes et remettre la couronne sur la tête de Stanislas, se venge sur l'Autriche, et, excitée et secondée par l'Espagne et la Sardaigne, qui se joignent à elle dans l'espoir, l'une, de s'emparer du Milanais, l'autre, de conquérir Naples et la Sicile, l'attaque en Italie et sur le Rhin. L'Autriche est battue partout, et cette courte guerre (1733-1735) se termine tout à coup d'une manière étrange et fort heureuse pour la France et pour l'Espagne. Le duc de Lorraine, gendre et héritier de l'empereur, cède son duché à la France et doit prendre en échange la Toscane, que la mort du dernier Médecis va laisser sans souverain, et dont la France et l'Autriche s'arrogent le droit de disposer, sans que personne s'y oppose. Stanislas renonce au trône de Pologne, et règne sur la Lorraine, qui ne sera réunie à la France qu'après sa mort. L'Autriche cède à un fils du roi d'Espagne le royaume des Deux-Siciles, et à la Sardaigne quelques portions du Milanais. Ce résultat, brillant et solide pour la France, qui réunit enfin la Lorraine, et pour la maison de Bourbon, qui gagne un trône en Italie, n'est cependant pas tout ce qu'il peut être dans les circonstances favorables où l'on se trouve. Avec un peu plus d'efforts et de persévérance, on enlevait à l'Autriche tout le Milanais, Mantoue et le duché de Parme, et l'Italie devenait indépendante ; c'est ce que voulaient l'Espagne et la Sardaigne. Malheureusement, Fleury, qui dirige alors les affaires de la France, n'a pas une politique assez entreprenante, et se hâte trop de mettre fin à une guerre qu'il ne fait que malgré lui. Par la plus singulière combinaison, l'Autriche, attaquée sur le Rhin et jusqu'au fond de l'Italie, est laissée tranquille dans les Pays-Bas, et il n'y a pas d'hostilités là où l'intérêt principal de la France est de les porter. Fleury n'agit ainsi que par un excès de prudence, par la crainte mal fondée de voir l'Angleterre et la Hollande prendre parti pour l'Autriche ; ces deux puissances sont alors entièrement occupées de leurs affaires intérieures, l'Angleterre surtout. C'est dans cette guerre que les Russes interviennent pour la première fois dans les affaires de l'Occident, et que leurs troupes paraissent vers le Rhin, où elles viennent secourir l'Autriche.

Cette époque est celle des guerres de succession. Après les successions d'Espagne, de Pologne et de Toscane, vient la succession d'Autriche, qui amène une guerre aussi générale et aussi sanglante que la première. L'empereur Charles VI, qui n'a pas d'enfant mâle et qui veut prévenir le démembrement de la monarchie autrichienne, dont plusieurs souverains convoitent diverses parties, a déclaré sa fille aînée, Marie-Thérèse, héritière de tous ses états, et les principales puissances se sont engagées à respecter et ont même garanti ses dispositions. Mais à sa mort (1741), tous les engagemens sont oubliés, et les compétiteurs se montrent de tous côtés. Les électeurs de Saxe et de Bavière prétendent chacun à la succession entière ; les rois d'Espagne, de Sardaigne et de Prusse en réclament diverses portions. C'est, pour la maison de Bourbon, une occasion plus favorable encore que celle dont elle ne vient de profiter qu'à demi, de combattre la maison d'Autriche, de lui reprendre toutes ses conquêtes de la guerre de la succession d'Espagne, de lui enlever la couronne impériale et de la réduire à ses anciens états héréditaires ; elle joint donc ses armes à celles des compétiteurs de Marie-Thérèse. Mais au lieu de songer avant tout à la conquête des Pays-Bas et à aider l'Espagne et la Sardaigne à s'emparer des pays italiens, la France commence par envoyer ses principales forces au fond de l'Allemagne pour soutenir l'électeur de Bavière, que les ennemis de l'Autriche ont fait nommer empereur, et le roi de Prusse, qui, après avoir envahi la Silésie, se voit fort pressé par les armées autrichiennes. Marie-Thérèse, attaquée de tous côtés, est vaillamment défendue par ses peuples, par les Hongrois surtout, puis secourue par l'Angleterre et la Hollande. Elle se débarrasse de la Prusse en lui abandonnant la Silésie, et, par quelques cessions de territoire dans le Milanais, fait retourner la Sardaigne de son côté. La France, chassée de l'Allemagne et de l'Italie, où elle fait inutilement plusieurs invasions, est plus heureuse sur le Rhin et dans les Pays-Bas, où le maréchal de Saxe remporte de brillantes victoires sur les Anglais et les Hollandaise.

La marine française, fort négligée depuis la mort de Louis XIV, essuie de grandes défaites dans la Méditerranée, sur l'Océan et sur les côtes d'Amérique, mais triomphe cependant dans les mers et sur le littoral de l'Inde, où deux hommes habiles et énergiques, Dupleix et La Bourdonnaie, savent suppléer à l'infériorité de leurs forces, et s'emparent de Madras, capitale des établissemens anglais. Dupleix, non moins grand politique qu'habile homme de guerre, veut faire de la Compagnie française de l'Inde une puissance territoriale, et projette ce qu'a réalisé plus tard la Compagnie anglaise dans des circonstances moins favorables. Mais il n'est secondé ni par le gouvernement, ni par la Compagnie, incapables de comprendre la grandeur de ses plans et de lire dans l'avenir, et aujourd'hui la France, ingrate et oublieuse, sait à peine son nom, et ne se doute pas que ce magnifique empire indien, fondé par les Anglais, dont il fait la richesse et la grandeur, c'est elle qui devait le posséder.

Par un revirement d'intérêts assez fréquent dans les guerres générales, la France et l'Angleterre, d'auxiliaires qu'elles étaient d'abord, sont devenues parties principales, et continuent les hostilités, alors que, des deux côtés, plusieurs des puissances belligérantes ont depuis longtemps déposé les armes. Enfin, la paix générale se fait à Aix-la-Chapelle (1748). La France a fait dans les Pays-Bas, en Savoie et dans le comté de Nice, des conquêtes qui peuvent compenser la destruction de sa marine et les pertes énormes de son commerce ; mais l'indolent Louis XV, qui, au milieu des succès, ne soupire qu'après la paix, consent, pour l'obtenir plus vite, à tout restituer. Cette guerre et celle qui va suivre sont l'époque la plus mauvaise de la politique extérieure de la France sous l'ancienne monarchie. L'Autriche abandonne le duché de Parme à un infant d'Espagne ; confirme à la Prusse et à la Sardaigne les cessions qu'elle leur a faites en traitant séparément avec elles, et s'estime heureuse d'avoir échappé, à ce prix, à l'un des plus grands dangers qu'elle ait jamais courus. Le résultat important de cette guerre est l'élévation de la Prusse, qui, entre les mains de Frédéric II, va être, jusqu'à la révolution française, le pivot de la politique du continent.

Une nouvelle lutte, la guerre de Sept-Ans (1756-1763), suscitée par l'ambition et la jalousie de l'Angleterre et de l'Autriche, vient ensanglanter l'Europe, l'Amérique et l'Inde, encore toutes meurtries de celle de la succession d'Autriche. L'Angleterre veut enlever à la France ses colonies de l'Amérique et de l'Inde, et achever la destruction de sa puissance maritime. Elle profite de ce que les limites entre ses possessions et celles de la France, dans l'Amérique du nord, ont été mal fixées par le traité d'Aix-la-Chapelle, pour commettre des usurpations de territoire; s'attire des représailles; et aussitôt, sans déclaration de guerre, elle saisit tous les navires français que rencontrent ses escadres et attaque les établissemens de la France dans l'Amérique et dans l'Inde. La France n'a pas trop de toutes ses ressources pour mettre sa marine et ses colonies en état de résister à un ennemi si puissant et si violemment perfide; et cependant, à ce moment même, elle s'engage à la suite de l'Autriche dans la guerre continentale la plus contraire à ses intérêts. L'Autriche, qui songe à arrêter et même à abattre la grandeur naissante de la Prusse, qui lui paraît déjà une rivale redoutable, s'allie, dans ce but, à la Saxe et à la Russie. La France, qui soutient une lutte décisive pour l'avenir de sa marine et de ses colonies, n'a pas à prendre une part directe à cette guerre d'Allemagne; mais si elle est forcée d'intervenir, ce doit être en faveur de la Prusse. Contre toute prévision, sans le moindre motif, et par une politique véritablement insensée, elle abandonne tout à coup sa politique traditionnelle pour prendre le parti de l'Autriche, et cela, sans conditions, alors cependant que cette puissance, dans son désir de l'alliance française, propose l'échange de quelques portions des Pays-Bas contre le duché de Parme, possession de la maison de Bourbon. L'Angleterre vient au secours de la Prusse si fortement menacée. Dans sa double lutte, la France n'éprouve guère que des revers. La guerre qu'elle fait en Europe, loin de ses frontières, et pour seconder les desseins ambitieux de son éternelle rivale, nécessite des armemens considérables, et lui fait négliger ses propres affaires de l'Amérique et de l'Inde. L'incurie du gouvernement, l'incapacité des généraux, l'insuffisance des forces de mer lui valent des défaites, des malheurs et des hontes continuels. La Prusse se couvre de gloire dans sa résistance aux trois grandes puissances du continent; mais elle n'est sauvée que par le changement de politique de la Russie, qui abandonne l'Autriche, et se déclare même contre elle, ce qui met fin à la guerre. La Prusse conserve la Silésie. La France et l'Angleterre déposent aussi les armes, et la paix, qu'elles signent à

Versailles (1763), est une des plus malheureuses et des plus honteuses que la France ait subies. Le Canada, la Louisiane orientale, la presque totalité des vastes possessions de l'Inde, cédées à l'Angleterre; la puissance coloniale anéantie; la marine détruite; tels sont les résultats de la faiblesse et de l'ineptie du gouvernement de Louis XV.

L'Angleterre voit sa suprématie maritime assurée, possède toute la partie orientale de l'Amérique du nord, et commence à élever dans l'Inde ce vaste empire que la France pouvait y fonder avant elle. En Europe, la France ne fait aucune perte de territoire, mais sa politique sans énergie, sa funeste alliance avec l'Autriche, les nombreux revers de ses armées, la font descendre du rang où elle s'était élevée pendant le XVIIe siècle, et où jusqu'alors elle avait su se maintenir. Peu de temps avant la fin de cette guerre, dont les fatales conséquences pèseront éternellement sur elle, elle avait conclu avec l'Espagne, les Deux-Siciles et Parme, une alliance offensive et défensive, dite Pacte de famille, et dont le but est d'unir étroitement les divers pays gouvernés par la maison de Bourbon; mais, réalisé trop tard, cet acte d'une politique élevée, loin de pouvoir changer la face des affaires, ne sert qu'à les empirer, parce que l'Espagne subit des pertes dont la France se croit obligée de l'indemniser en lui donnant la Louisiane occidentale.

Pour être entièrement juste, il faut dire que le pays n'est pas moins coupable que le gouvernement de tous ces malheurs et de toutes ces hontes. Les gens de lettres et les philosophes, alors tout-puissans sur l'opinion, la détournent de la politique pratique et de ses nécessités, affaiblissent le patriotisme et pervertissent le sens national. Ils désintéressent de ses affaires les plus chères le pays tout entier qui, occupé de leurs idées, de leurs doctrines et de leurs discussions, sur lesquelles ils appellent exclusivement son attention, reste indifférent aux choses du dehors, ne vient pas en aide au gouvernement et n'exerce plus sur lui cette pression salutaire qui, jusque-là, s'est toujours fait sentir dans les circonstances graves. Cette corruption et cette inertie de l'esprit public sont la cause la plus réelle des désastres irréparables de cette triste époque.

Choiseul, l'auteur du Pacte de famille, ministre habile et sincèrement dévoué à son pays, cherche à relever la France de son abaissement; s'efforce de refaire une marine; réorganise l'armée, et, quelques années après la guerre de Sept-Ans, obtient un succès des plus importans dans la Méditerranée. Gênes possède depuis plusieurs siècles l'île de Corse, sans l'avoir jamais complétement soumise ; impuissante à y réprimer des révoltes continuelles, elle a plusieurs fois recours à la France, qui lui prête des troupes pour combattre les insurgés. Mais en 1768, désespérant tout à fait d'établir solidement sa domination sur cette île, elle la vend à Louis XV. Le cabinet de Versailles réussit à prévenir l'opposition de l'Angleterre, si redoutable alors dans les affaires de mer, et la Corse est réunie à la France. Les habitans font une vive résistance, mais ils sont aisément domptés par les forces considérables envoyées contre eux, et leur pays ne tarde pas à devenir français et à faire partie intégrante de la monarchie. C'est au moment même de la réunion que naît dans l'île l'homme appelé à régner un jour sur la France et à y fonder une nouvelle dynastie.

La Corse, l'une des grandes îles de la Méditerranée, est placée entre l'Italie, la France et l'Espagne et touche à la Sardaigne, dont elle n'est séparée que par un détroit de quelques kilomètres. Plus rapprochée des îles et des côtes de Toscane que de celles de Provence, elle appartient géographiquement à l'Italie plutôt qu'à la France. Mais la France ne peut pas être la seule puissance riveraine de la Méditerranée, ne possédant pas quelqu'une des stations importantes de cette mer, aujourd'hui surtout que l'Angleterre est si fortement établie à Gibraltar, à Malte et à Corfou. La Corse couvre les côtes et assure l'action maritime de la France du côté de l'Italie et de tout le Levant. Elle a de grandes rades et de bons ports, et sa défense est facile.

Vers la même époque, en 1772, s'accomplit dans le nord un grand événement, pressenti depuis longtemps et devenu inévitable, le partage de la Pologne. La France, qui alors ne peut pas plus sauver ce malheureux pays qu'elle ne peut aujourd'hui le rétablir, fait bien de ne pas se jeter, pour une cause perdue, dans une autre guerre de Sept-Ans; mais elle se tient trop à l'écart et s'enferme dans un silence désapprobateur ou complice, au lieu de réclamer ou de prendre quelques territoires, soit dans les Pays-Bas, soit vers le Rhin, comme équivalent de ce que gagnent ses rivales la Prusse, la Russie et l'Autriche, dans le démembrement de la Pologne. Louis XV, qui n'a plus Choiseul près de lui, n'ose rien entreprendre et termine ainsi son déplorable règne dans une lâche immobilité. Il laisse à son petit-fils Louis XVI (1774-1792) le royaume agrandi, mais dépouillé de ses colonies, meurtri dans son honneur et ses intérêts, et la royauté attaquée et ébranlée jusque dans ses fondemens par l'esprit d'une fausse philosophie, qui remet en question, non-seulement l'ordre politique, mais aussi l'ordre social tout entier, et qui soulève des problèmes insolubles. Le nouveau roi n'a rien de ce qu'il faut pour gouverner en pareille circonstance, et son règne faible et imprévoyant va amener la chute de la dynastie et de la royauté, et l'une des crises les plus cruelles qu'ait éprouvées la France dans sa vie de huit siècles. Mais avant de périr, l'ancienne monarchie jette un dernier éclat qui couvre les hontes de la guerre de Sept-Ans. Si la politique intérieure de Louis XVI n'est qu'erreur et faiblesse, sa politique extérieure est digne de sa race, et ce prince a les vrais instincts de la grandeur nationale. Il s'attache à relever la marine et cherche, par des expéditions lointaines et de grandes entreprises de pêcheries, à suppléer aux colonies perdues. Il saisit habilement, dans la guerre de l'indépendance américaine, l'occasion de venger la France de l'Angleterre, et, ce qui est bien autrement important pour l'avenir, la chance de lui faire perdre l'empire des mers, en travaillant à la création d'une nouvelle puissance maritime. La marine française, unie à celle de l'Espagne, et un peu aidée par celle de la Hollande, lutte avec gloire et souvent avec avantage contre les escadres anglaises dans la Manche, dans la Méditerranée, dans la mer des Antilles et surtout dans la mer de l'Inde, où Suffren livre de brillans combats; tandis que les troupes de terre remportent d'assez grands succès à Minorque, aux Antilles, en Amérique et dans l'Inde, mais échouent contre Gibraltar (1778-1783). Le traité qui termine cette guerre fait recouvrer à la France quelques territoires vers le golfe Saint-Laurent et autour des chétifs établissemens qui lui restent dans l'Inde, et lui donne en Afrique la Sénégambie. L'Angleterre perd ses anciennes colonies d'Amérique, dont elle reconnaît l'indépendance, et qui deviennent les États-Unis, et rend à l'Espagne Minorque et la Floride; elle garde Gibraltar, se fait céder Négapatam par la Hollande, et continue sa marche conquérante dans l'Inde.

Dans le court intervalle qui sépare cette guerre de l'indépendance de l'Amérique des guerres de la révolution française, l'Autriche tente de réaliser un grand projet qu'elle nourrit depuis longtemps, l'échange des Pays-Bas contre la Bavière ; et pour triompher de la vive opposition d'une partie de l'Europe, et surtout de la Prusse et de l'Allemagne, elle veut obtenir l'appui de la France en lui cédant les pays de Luxembourg et de Namur. Cette combinaison, tout en augmentant beaucoup la puissance de la maison d'Autriche, est favorable à la France dans le présent et dans l'avenir ; celle-ci cependant se montre peu empressée à la seconder, et elle échoue. Au même moment les Pays-Bas s'insurgent contre l'Autriche, veulent se séparer d'elle, et comptent sur les secours de la France. Mais le cabinet de Versailles, fidèle à l'alliance autrichienne, ne soutient pas cette révolte, qui est facilement et promptement réprimée.

On sait que le Comtat Venaissin et Avignon forment un domaine aliéné au XIIIe et au XIVe siècles, en faveur du Saint-Siége, par les rois de France et les comtes de Provence. En 1790, le roi et l'Assemblée constituante, se fondant sur les droits de la couronne et sur l'abolition de toute espèce de fief, décrètent la réunion de ce pays au territoire national. Rome proteste, mais en vain, et la réunion devient définitive.

C'est le dernier agrandissement sous la vieille monarchie qui va périr dans d'épouvantables convulsions. Il faut se faire une idée précise des forces et de la puissance relatives de la France au moment où elle va s'engager dans une lutte dont le résultat sera le plus grand bouleversement territorial de l'Europe dans les temps modernes.

Vers 1790, la superficie et la population des principaux états sont ainsi réparties :

	Hectares.	Habitans.
Russie d'Europe. .	480 millions	33 millions
Autriche.	65 —	29 —
France.	53 —	30 —
Espagne.	48 —	12 —
Grande-Bretagne.	31 —	15 —
Allemagne.	» —	9 —
Prusse.	20 —	7 —

La France est donc la troisième des nations européennes par l'étendue du territoire, la seconde par la population ; mais elle est la première par son homogénéité, sa densité, son unité, ses ressources, la qualité de ses armées, le nombre et l'importance de ses alliances ; sa force réelle est immense, comme l'ont prouvé les guerres de Louis XIV, et comme vont le prouver encore mieux celles de la Républi-et de l'Empire.

La Russie peut à peine mouvoir ses forces sur son immense territoire, dont plus de la moitié n'est guère qu'un désert, et une partie de ses populations échappe à l'action du gouvernement central. L'Autriche n'est pas compacte ; la Belgique et le Milanais surtout sont détachés, isolés, exposés aux invasions et difficiles à défendre, et leurs habitans, ainsi que ceux d'autres provinces, sont assez disposés à se révolter et à se séparer de cette monarchie. La Grande-Bretagne n'a que la moitié de la population de la France et manque d'homogénéité ; l'Ecosse n'est pas encore bien assimilée à l'Angleterre, et l'Irlande frémit sous le joug. La Prusse, puissance toute récente, manque de cette solidité que le temps seul peut donner ; son territoire est découpé et échancré dans toutes ses parties ; sa population n'est que le quart de celle de la France.

La politique générale de l'Europe et les relations respectives de chaque puissance font à la France une excellente situation. L'Angleterre et l'Autriche sont seules des ennemies réelles et permanentes, près desquelles elle ne trouve que haine, jalousie et opposition d'intérêts. La Prusse hésite entre elle et l'Autriche, et ce sont les circonstances qui doivent lui faire prendre parti. La Russie, qui pèse déja d'un grand poids sur l'Europe, et qui grandit chaque jour, s'étendant à la fois vers l'Orient et vers l'Occident, n'a pas une politique et des intérêts contraires aux vues de la France. L'Allemagne, morcelée à l'infini, n'a pas beaucoup d'action à l'extérieur, et plusieurs de ses princes sont les alliés du cabinet de Versailles. La Turquie, ennemie naturelle de l'Autriche, qui, depuis un siècle, réagit contre elle et s'agrandit à ses dépens, est toujours disposée à la combattre. La Sardaigne, qui convoitetant le Milanais, est dans les mêmes dispositions. L'Espagne et les Deux-Siciles n'ont pas d'autre politique que celle de la France, et leurs forces se confondent pour ainsi dire avec les siennes. La plupart des autres états de second et de troisième ordre inclinent à son alliance. La Suisse est neutre, mais très-amie, et ses habitans, excellens soldats, servent en grand nombre dans les armées françaises.

La France, depuis la guerre de Sept-Ans, a vu relever sa marine, dont l'état florissant commence à rappeler le temps de Louis XIV, et qui vient de lutter avec gloire et non sans succès contre celle de l'Angleterre. Elle n'est déjà plus inférieure à sa rivale que d'un quart en marine militaire, et d'un tiers en marine marchande.

Ce n'est pas la fortune qui amène et maintient depuis des siècles un pays à un si haut degré de vigueur et de prospérité; elle ne saurait avoir cette constance, et une bonne organisation politique est seule capable d'un tel résultat. C'est qu'en effet le régime sous lequel vit la France, sanctionné par le temps et l'expérience, et par tout ce qu'il a produit et accompli, est son régime naturel, celui qui lui convient le mieux, et qui lui communique le plus de vitalité et d'expansion. La royauté, héréditaire, incontestée, forte de sa légitimité et de sa foi en elle-même, peut entreprendre tout ce qui intéresse de près ou de loin le bien intérieur et extérieur du pays. Absolue en apparence depuis le XVIIe siècle, mais tempérée en droit et en fait, elle est sous bien des rapports plus vraiment libérale que tous les gouvernemens qui lui ont succédé. Elle domine tout, mais contenue, d'un côté par les idées et les mœurs de la nation et des gouvernans eux-mêmes, et limitée, de l'autre, par des institutions formant dans leur ensemble une constitution qui, pour n'être pas écrite et pour ne pas définir toujours d'une manière précise ce que peut et ce que ne peut pas le souverain, n'en est pas moins réelle et solide. Un tel état de choses, tout en assurant l'action et l'indépendance du pouvoir, garantit l'ordre, la sécurité, les droits publics et privés, et la dignité des citoyens ; donne des libertés non théoriques, mais pratiques et positives, et ne ressemble en rien à l'idée que s'en font, sur la foi des révolutionnaires, les générations actuelles si ignorantes du passé. Malgré ses abus, ses vices mêmes, car il en a, et de très-grands, comme tout ce qui sort de la main des hommes, il fait de la France une grande nation, fidèle et soumise à l'autorité, mais sans la bassesse et l'avilissement où l'ont fait tomber les révolutions, et du sein de laquelle sont sortis à toutes les époques tant d'hommes illustres, et, en dernier lieu, tous ceux qui vont faire la fortune de la République et de l'Empire, et que ces deux régimes n'auraient certainement pas produits.

Mais, depuis le milieu du XVIIIe siècle, des symptômes menaçans apparaissent de tous côtés ; les principes et les institutions perdent chaque jour de leur puissance ; un esprit d'innovation immodéré perce dans tout, et le pouvoir lui-même s'y abandonne. On n'a plus d'yeux que pour voir les abus, et l'on veut tout réformer, tout détruire, pour tout régénérer. Louis XVI, intelligence élevée, mais caractère faible, conçoit et tente même des réformes indispensables qu'il ne sait pas exécuter. Les États-

Généraux, qu'il convoque pour leur confier cette grande tâche, sortent audacieusement de leur rôle, se transforment en Assemblée constituante, et usurpent la mission de changer les lois fondamentales de l'état. Le roi cède trop à l'esprit du siècle, se laisse ravir son pouvoir et ses droits, et ouvre la porte à une immense et fatale révolution qu'il pouvait dompter ou du moins diriger, car les grands événemens politiques sont toujours plus ou moins dans la main des hommes d'état sous lesquels ils se produisent, et ne sont jamais un arrêt du destin. On va voir quelle déperdition de forces cette catastrophe a occasionné à la France, et combien, après l'avoir portée un moment à une hauteur inouie, elle l'a fait descendre du rang qu'elle occupait dans le monde en 1789. C'est que tout ce qui fait sortir les nations comme les individus de leur milieu naturel et violente leur tempérament peut leur communiquer une vigueur factice et passagère, mais finit par les affaiblir et les épuiser, et quelquefois les tue.

LIVRE III.

Guerres de la Révolution.—Conquête des limites naturelles.—Guerres de l'Empire.—Extension de la France au-delà de ses limites.—Désastres. —Traité de 1815.—Conquête de l'Algérie (1792-1852).

La Révolution est venue. La France, livrée aux plus folles illusions, s'enthousiasme pour des doctrines dont elle ne comprend pas la portée ; discute imprudemment le principe de son gouvernement, la royauté et l'hérédité ; veut changer, en un clin d'œil, ses mœurs et ses conditions politiques et sociales ; fait table rase de son ancien régime et développe, à travers beaucoup de ruines et de malheurs, la forme nouvelle qu'elle se donne et qu'elle va être obligée de changer à chaque instant. Les mauvais traitemens, les insultes et les supplices qui viennent tomber sur la race royale constituent le plus grand crime et la plus grande faute politique de l'époque, parce qu'ils font perdre à la nation le respect du pouvoir, et enlèvent à l'autorité le prestige qui lui est indispensable et que rien encore n'a pu rétablir. Mais nous n'avons à suivre cette grande et douloureuse transformation de la France qu'en ce qui concerne l'étendue et les variations du territoire, et, pendant plusieurs années, elle nous offre les plus merveilleux résultats.

L'Europe, qui redoute la contagion des principes de la Révolution, s'est émue de la situation de la France. Excitée et trompée par les émigrés, elle prend une attitude menaçante. La Révolution s'irrite, la guerre éclate, et le territoire français est envahi. L'Europe, en prenant les armes, déclare qu'elle n'en veut qu'à la Révolution et qu'elle vient rétablir la monarchie; mais c'est là son but accessoire, et le véritable est d'abaisser, sinon de démembrer, la France de Richelieu et de Louis XIV, contre laquelle elle s'est déjà coalisée tant de fois. L'émigration, la guerre civile, les troubles de toute espèce, une désorganisation générale, tout fait croire que l'occasion est bien choisie, et que la France doit succomber. Mais le pays sent bien que c'est à lui qu'on en veut; il comprend l'étendue du danger et s'apprête à la plus vigoureuse résistance, non pour soutenir la république qu'il n'a pas désirée et repousser la monarchie qu'il regrette, mais pour sauver le territoire et la nationalité.

La première attaque de l'Europe, en 1792, faible et inhabile, ne répond guère à ses desseins ambitieux et ne mérite pas le nom de coalition. Dumouriez, à qui la France à confié son salut, dégage assez facilement le territoire, reporte la guerre chez l'ennemi et conquiert la Belgique ; tandis que Custine descend le Rhin juqu'à Mayence et entre dans Francfort, et qu'au sud la Savoie et le comté de Nice sont aussi envahis. L'année suivante, le péril est tout à fait sérieux. L'Autriche, l'Empire, la Prusse, la Hollande, l'Angleterre, l'Espagne, la Sardaigne et quelques états italiens font marcher leurs armées contre la France, qui, loin d'avoir le moindre allié, doit se trouver heureuse de la neutralité de la Suisse et du Danemarck, et de l'inaction de la Suède et de la Russie. Refoulée sur son territoire, elle subit de graves échecs. La Convention, dans sa terrible mais patriotique énergie, fait faire à toute la population un effort immense. La France, que l'ancienne monarchie a rendue si robuste, dont elle a fait la nation la plus guerrière de l'Europe, et qui toujours a de bons cadres, met sur pied de braves et nombreuses armées, enfante d'héroïques soldats, et trouve de jeunes et habiles généraux, Jourdan, Kléber, Hoche, Moreau, Pichegru, Marceau, qui parviennent à rejeter au-delà des frontières les ennemis innombrables qui les ont franchies. C'est désormais le territoire ennemi qui va être le théâtre de ces longues et sanglantes guerres qui ne font que commencer. Le peu d'habileté, d'ardeur et d'union des coalisés les met hors détat de vaincre, et, dès la fin de la campagne de 1793, la France pense moins à se défendre qu'à attaquer et à conquérir. Les biens du clergé et des émigrés, les assignats, les réquisitions, lui fournissent des ressources immenses avec lesquelles elle peut supporter longtemps le poids de la guerre. Ni la révolte de Lyon et de la Vendée, ni l'occupation de Toulon et de la Corse par les Anglais, ne la découragent et ne la font désespérer d'elle-même : elle fait face à tout et triomphe partout. En 1794, la Belgique est conquise de nouveau, et sur le Rhin, aux Alpes et aux Pyrénées, les armées de la France renversent tout ce qui se présente devant elles. En 1795, les frontières naturelles sont atteintes sur tous les points ; la Hollande, envahie et révolutionnée, devient l'alliée de la République ; la Prusse, l'Espagne et quelques puissances italiennes font la paix ; une grande partie de l'Allemagne se retire de la lutte ; il n'y a plus que l'Angleterre, l'Autriche et la Sardaigne qui ne veulent pas poser les armes. A la Convention, gouvernement dictatorial et provisoire, succède un régime plus régulier, le Directoire, qui, continuant la guerre avec vigueur et succès, porte les armées françaises au-delà des Alpes et du Rhin. L'Allemagne est envahie, l'Italie soumise, et les Anglais évacuent la Corse. La Sardaigne met bas les armes en cédant Nice et la Savoie, et l'Autriche fait de vains efforts pour rentrer en Italie. L'année suivante, Bonaparte, que deux campagnes à jamais mémorables, une longue série de victoires, Montenotte, Lodi, Castiglione, Arcole, Rivoli, etc., le maniement des affaires de toute l'Italie et de grandes négociations diplomatiques viennent de placer au-dessus des plus grands capitaines et au niveau des hommes d'états les plus habiles, met fin à la guerre avec le continent par le traité de Campo-Formio. L'Autriche et l'Empire cèdent à la République la Belgique et les pays de la rive gauche du Rhin, et la France possède enfin tout son territoire avec toutes ses limites, sauf au nord, où la Hollande s'étend un peu en deçà du Rhin. C'est là un beau succès, le plus réel et le plus considérable qu'elle ait obtenu depuis la fin du XVe siècle, et, au point de vue territorial, elle n'a rien de mieux à désirer. Malheureusement, l'Autriche, si bien vaincue, n'est pas moins bien traitée que la France victorieuse, et l'Italie est sacrifiée par Bonaparte d'une manière inique et impolitique. L'État de Venise, qui n'a pas pris part à la guerre et qui couvre la péninsule contre l'Allemagne, est détruit et partagé entre l'Autriche, la France et la république cisalpine, nouvel état créé par Bonaparte au centre de la Haute-Italie. L'Autriche, en échange de la Belgique et du Milanais, provinces lointaines et détachées, reçoit la Dalmatie, l'Istrie et toutes les possessions de Venise sur la rive gauche de l'Adige, contiguës à son territoire, supérieures en superficie et en population à tout ce qu'elle cède, et qui vont lui donner le moyen de devenir puissance maritime. Le reste des États de terre-ferme de Venise, joint au Milanais, au duché de Modène et à une partie des États de l'Eglise enlevés au Pape, forme la république cisalpine. La France se réserve les îles Ioniennes.

Mais ces six années de guerre qui viennent de porter si haut la puissance de la France sur le continent, sont la ruine de sa puissance coloniale. La plupart de ses îles et de ses établissemens tombent au pouvoir de l'Angleterre, et Saint-Domingue, où les nègres se sont révoltés et ont massacré la population blanche, échappe à la domination de la métropole. D'un autre côté, la Russie, la Prusse et l'Autriche ont profité de la situation générale de l'Europe pour achever le démembrement et la destruction de la Pologne. Les agrandissemens de la France ne restent pas sans compensation pour ses rivales.

Quoi qu'il en soit, la France, parvenue au but qu'elle poursuit depuis des siècles, doit songer avant tout à consolider ses conquêtes et à demeurer en paix avec l'Europe ; il lui reste à traiter avec l'Angleterre, et, si elle ne peut y parvenir, à tourner toutes ses forces contre cette dernière ennemie. C'est là ce que commande la sagesse la plus vulgaire, et les hommes d'état les plus médiocres peuvent suffire à cette tâche. Mais un gouvernement imbu des principes révolutionnaires ne peut être sage et modéré. Oubliant les intérêts vrais et permanens du pays, le Directoire adopte une politique de provocation, donne de l'inquiétude à l'Europe, et néglige la guerre directe contre l'Angleterre, pour s'aventurer dans une expédition lointaine, dont le but est de disputer l'Inde aux Anglais. Pour des causes plus ou moins graves, quelquefois frivoles, et qu'il recherche soigneusement quand il devrait en tenir peu de compte, il envahit et révolutionne la Suisse et les États romains, réunit à la France les territoires de Genève, Porentruy, Mulhouse, Montbéliard, petits pays dépendans ou alliés de la Suisse ; occupe le Piémont ; veut tenir sous sa dépendance la Hollande et la Cisalpine, et envoie ou plutôt laisse aller Bonaparte à la conquête de l'Egypte avec l'élite de ses troupes. A peine débarqué en Égypte, Bonaparte voit sa flotte, principale sinon unique force maritime de la République, détruite par les Anglais, et dès lors, l'expédition n'a aucune chance de réussite. C'est en vain qu'il soumet tout le pays, et remporte les plus retentissantes victoires ; les Français, dont les communications sont coupées, ne pourront conserver ni l'Egypte, ni Malte qu'ils ont prise en passant. L'Europe, excitée par l'Angleterre, et de plus en plus inquiète de l'esprit d'envahissement et de propagande de la République, croit le moment favorable pour l'attaquer. Une nouvelle coalition se forme, et une guerre générale, à laquelle prend part la Russie, commence en 1799. La France a cette fois sur les bras les forces de l'Angleterre, de l'Autriche, de l'Empire, de la Russie et des Deux-Siciles. Les coalisés, vainqueurs partout, de l'Adriatique au Texel, sont maîtres de l'italie, occupent la Suisse et la Hollande, et menacent les frontières; mais ils sont enfin arrêtés à Zurich par Masséna, et à Berghem par Brune. Bonaparte revient d'Egypte, où il a laissé une armée victorieuse, mais enfermée; fait une révolution militaire, renverse le Directoire et se met à la tête d'un nouveau gouvernement, le Consulat. Son génie ramène promptement la victoire; l'immortelle campagne de Marengo, suivie de celle de Hohenlinden, oblige l'Europe à cesser la lutte (1801), et le résultat de cette seconde coalition est encore plus avantageux pour la France que celui de la première. L'Autriche et l'Empire confirment, par le traité de Lunéville, celui de Campo-Formio. La Toscane passe d'un prince de la maison d'Autriche à un prince de la maison d'Espagne, et l'Espagne cède à la France la Louisiane occidentale. Bonaparte conclut des traités particuliers avec le Portugal, avec la Russie, avec les Deux-Siciles, qui lui cèdent l'île d'Elbe et la principauté de Piombino. Le pape est rétabli dans son pouvoir temporel et rentre à Rome.

L'Angleterre, après s'être emparée de Malte et avoir forcé les Français à évacuer l'Egypte, se lasse enfin de la guerre et signe la paix à Amiens (1802). Elle rend à la France ses colonies, remet la Turquie en possession de l'Egypte et s'engage à restituer Malte à l'Ordre des chevaliers qui doit être rétabli.

Le Piémont, que le Directoire a enlevé au roi de Sardaigne en 1798, reste, du consentement tacite de l'Europe, entre les mains de Bonaparte, et va être réuni au territoire français. C'est là un agrandissement considérable au delà des limites naturelles, mais contigu à la France et non isolé d'elle comme le Milanais et les autres pays italiens qu'elle voulait conquérir au XVIe siècle. Le Piémont devient pour la France ce que les états de Venise sont devenus pour l'Autriche, et l'Italie, à qui la révolution française avait fait espérer l'indépendance, voit la domination étrangère s'étendre et se fortifier.

Les désastres maritimes et coloniaux vont être réparés. Bonaparte, aussitôt la mer redevenue libre par le traité d'Amiens, envoie une armée à Saint-Domingue pour soumettre les noirs révoltés, et qui sont entièrement maîtres de l'île; expédie des troupes et des colons à la Louisiane et dans les autres colonies, et fait tous ses efforts pour recréer une marine.

Ainsi finissent ces dix années de guerre qui ont valu à la France d'éclatans succès, le complément de son territoire, le Piémont, les îles Ioniennes, et une influence décisive sur tous les États de second ordre qui l'environnent. Ce sont là d'immenses résulats près desquels les calamités de l'intérieur, facilement réparables, ne sont rien, et s'ils peuvent durer, le pays n'aura pas à regretter l'effroyable crise qu'il vient d'éprouver. Un grand homme préside à ses destinées et lui fait espérer un avenir brillant et solide. Les premiers temps du Consulat répondent à tout ce qu'on en attend; l'ordre et la concorde renaissent; le pays oublie ses malheurs et relève ses ruines, et la prospérité se montre sur tous les points.

Cet heureux état de choses ne dure qu'un moment. L'Angleterre, qui ne trouve pas dans la paix tous les avantages qu'elle en a espérés, voit avec jalousie la belle situation de sa rivale, reprend ses anciennes haines, regrette et recherche la guerre. Elle refuse de se dessàisir de Malte, dont elle veut faire un autre Gibraltar, et se plaint des empiétemens de Bonaparte qui réunit le Piemont à la France, dispose à son gré d'autres parties de l'Italie, se fait nommer président de la République cisalpine, veut être l'arbitre de l'Allemagne et entre sans cesse dans les affaires de Suisse et de Hollande. Les cabinets de Londres et de Paris réclament et protestent l'un contre l'autre, s'accusent réciproquement, s'irritent, brisent le traité d'Amiens (1803), et cette rupture va amener une lutte à outrance, des événemens immenses, le bouleversement du monde. Dans cette occasion, les torts les plus réels viennent de l'Angleterre; mais la France, qui a tant d'intérêt au maintien de la paix, ne cherche pas assez à éviter la guerre. L'erreur de Bonaparte est de penser qu'il n'aura à combattre que l'Angleterre, et de ne pas prévoir une conflagration universelle et le renouvellement des coalitions continentales. La prévoyance, qualité suprême et décisive en politique, a fait plus d'une fois défaut à ce génie extraordinaire.

La guerre déclarée, la France s'empare immédiatement du Hanovre, possession de la maison régnante d'Angleterre; mais son infériorité maritime l'oblige à vendre aux Etats-Unis la Louisiane, qu'il lui est impossible de défendre, et lui fait perdre Saint-Domingue, d'où les nègres, aidés des Anglais, chassent facilement le peu de troupes françaises épargnées par les fatigues et le climat.

Bonaparte projette une descente en Angleterre; il fait les préparatifs les plus vastes, et les plus habiles combinaisons pour franchir le détroit, et la France entière le seconde avec ardeur. Si une armée française peut toucher le rivage de l'Angleterre, le triomphe de la France est certain.

Au milieu de ces soins pour une nouvelle guerre, Bonaparte, d'abord consul pour dix ans, puis consul à vie, se fait proclamer souverain héréditaire avec le titre d'empereur, et sous le nom de Napoléon, qui va devenir le plus grand nom des temps modernes (1804). La France, désabusée, revient ainsi à sa forme de gouvernement traditionnelle; mais cette seconde monarchie, trop militaire, trop centralisée et pas assez libérale, n'est pas, comme l'ancienne, bien adaptée au tempérament du pays. C'est à peu près le gouvernement de l'empire romain, pouvant devenir bien vite celui du Bas-empire, qui ne reposait que sur la force et la ruse. Le Pape vient sacrer le chef de la nouvelle dynastie, et cette intervention du Saint-Siége rappelle, à mille ans de distance, les temps de Charlemagne.

La république italienne, fille de la république française, doit se transformer, comme elle, en monarchie, et devient le royaume d'Italie, dont Napoléon veut aussi être le souverain, et qu'il inféode à l'empire français. Les républiques de Gênes et de Lucques sont supprimées; la première, qui n'est que le littoral du Piémont, est réunie à l'Empire; la seconde, convertie en fief impérial, est donnée à une sœur de l'empereur.

Toutes ces affaires retardent, sans la faire négliger, la guerre contre l'Angleterre, et le moment approche où une armée formidable va tenter le passage du détroit. Mais Napoléon ne s'est point assez appliqué à rester en paix avec les puissances du continent, et à leur faire supporter la grandeur de la France. Ces puissances s'inquiètent de la réunion des couronnes de France et d'Italie sur une tête si ambitieuse, et de l'adjonction de Gènes à l'Empire. L'Angleterre, si intéressée à une diversion sur le continent, les excite et les subventionne, et l'Autriche, soutenue par la Russie, déclare la guerre à Napoléon (1805). Cette attaque sauve peut-être l'Angleterre, en détournant vers le Danube l'orage qui la menace, et commence ces guerres de l'Empire, les plus mémorables dont l'univers ait été témoin. Napoléon atteint et désorganise les Autrichiens avant l'arrivée des Russes en Allemagne, et remporte ensuite sur les uns et les autres l'éclatante victoire d'Austerlitz, tandis que Masséna, le meilleur de ses lieutenans, bat en Italie le prince Charles, le plus habile général de l'Autriche. Les Russes se retirent en ne concluant qu'une trêve ; l'Autriche achète la paix en cédant la Dalmatie à la France, ses possessions italiennes au royaume d'Italie, le Tyrol à la Bavière, la Souabe et le Brisgau au Wurtemberg et au grand-duché de Bade, et en consentant à de grands changemens de territoires qu amènent la dislocation de l'empire d'Allemagne. Napoléon donne le titre de roi aux électeurs de Bavière et de Wurtemberg. Cette paix, très-heureuse pour l'Italie, qu'elle délivre de l'Autriche, répare les iniquités de Campo-Formio. Mais, pendant ces triomphes sur le continent, la France perd la bataille navale de Trafalgar, qui met au néant ses projets contre l'Angleterre, et celle-ci, désormais maîtresse de la mer et protégée par le détroit, n'a plus rien à craindre de Napoléon, et peut lutter impunément contre lui.

Impuissant sur mer, l'empereur des Français veut dominer le continent et régler à son gré le sort de l'Italie et de l'Allemagne. Le roi des Deux-Siciles, dans la guerre qui vient de finir si rapidement, s'est allié en secret à la Russie et à l'Autriche et a trompé la France, à qui il a promis la neutralité. Napoléon se venge de cette perfidie et de toute la conduite haineuse de la cour de Naples contre la France depuis la révolution, en proclamant la déchéance de la dynastie des Deux-Siciles, et faisant envahir le royaume de Naples, qu'il donne à son frère aîné Joseph ; mais il n'attaque pas la Sicile, protégée par les Anglais. Il donne à un autre de ses frères la Hollande convertie en royaume ; et en organisant une confédération du Rhin, dont il se déclare le protecteur, il met sous la dépendance de son empire un grand nombre de principautés allemandes.

Mais la Prusse, déjà irritée contre Napoléon dont les troupes ont violé son territoire pendant la campagne d'Austerlitz, ne veut pas souffrir tous ces changemens, qui détruisent son influence en Allemagne et y rendent toute puissante celle de la France. La Russie se joint à elle, comme elle s'est jointe l'année précédente à l'Autriche, l'Angleterre donne à toutes deux des subsides, et Napoléon est entraîné dans une nouvelle guerre (1806). Il écrase la Prusse à Iéna et en poursuit les débris dans toute l'Allemagne ; il court à travers la Pologne à la rencontre de la Russie, brave les climats, les distances et tous les obstacles de la nature, soutient un choc terrible à Eylau, triomphe à Friedland, et avance jusqu'au Niémen, frontière de la Russie. Le traité de Tilsit (1807) enlève à la Prusse la moitié de son territoire, mais la France ne profite pas directement de ces conquêtes, que Napoléon distribue à ses lieutenans et à ses alliés. Il donne à Berthier la principauté de Neufchatel, placée entre la France et la Suisse, et à son beau-frère Murat le grand-duché de Berg, sur la rive droite du Rhin. Il crée le royaume de Westphalie pour Jérôme, le plus jeune de ses frères ; le duché de Varsovie pour l'électeur de Saxe qui devient roi ; agrandit les possessions de plusieurs princes allemands ses protégés. Il contracte une alliance intime avec la Russie, qui se retourne contre l'Angleterre, et les deux puissans empereurs se partagent la domination de l'Europe ; Alexandre doit commander à l'Orient, Napoléon à l'Occident.

Ces triomphes, ces conquêtes et ces alliances qui élèvent si haut l'empire français, n'atteignent pas l'Angleterre, qui lui ferme la mer. Napoléon répond au blocus maritime par le blocus continental, qu'il veut imposer à toute l'Europe. Mais pour fermer le continent aux Anglais, il faut le posséder ou le dominer tout entier, et cette politique à outrance pousse Napoléon à un système de conquêtes sans fin. L'Angleterre ne montre pas plus de retenue dans cette lutte dont l'Europe entière est la victime.

La neutralité devient impossible, et tout état qui ne se prononce pas est considéré comme ennemi par celle de deux puissances belligérantes qui a besoin de son concours. Les premiers temps de cette rivalité sans exemple dans l'histoire du monde sont favorables à la France. Tout le continent, indigné des procédés odieux de l'Angleterre contre le Danemarck, dont elle bombarde la capitale, et contre la marine et le commerce de tous les états, s'éloigne d'elle pour se rapprocher de Napoléon. Si cette situation dure quelques années, l'Angleterre, frappée dans ses intérêts vitaux, doit faire la paix ou succomber. Malheureusement, Napoléon, incapable d'une politique de temporisation et de ménagement, se fait des ennemis sur le continent. Non content de répondre à l'attaque contre le Danemarck par l'invasion du Portugal, il agrandit son empire de la Toscane qu'il reprend à l'Espagne, et de l'île de Walcheren qu'il enlève à la Hollande. Il conçoit le projet de détrôner les Bourbons d'Espagne, qui lui sont cependant tout dévoués, pour les remplacer par sa propre dynastie, et emploie, pour arriver à ses fins, les plus iniques et les plus odieuses violences. Il donne la couronne d'Espagne à son frère Joseph, que Murat remplace sur le trône de Naples. Mais les Espagnols se soulèvent et défendent avec l'enthousiasme le plus énergique la cause de leur dynastie et leur indépendance. Napoléon est obligé d'envoyer dans la péninsule l'élite de ses forces et d'y aller en personne pour réparer les graves échecs qu'ont fait subir à ses armes, au grand étonnement de l'Europe, les Espagnols, les Portugais et les Anglais (1808). Il est vainqueur comme toujours, mais pendant qu'il porte ainsi ses armées vers le sud, il risque d'être attaqué à l'est et au nord. Si les grandes puissances se conduisent envers lui comme il vient de se conduire envers l'Espagne, la France peut éprouver dès 1809 de grands désastres. Mais cette fois, ses alliés lui restent fidèles, la Russie surtout, malgré l'or et les excitations de l'Angleterre. L'Autriche seule, qui a tant de revers et de pertes à réparer, et qui depuis Austerlitz ne cesse de faire des armemens, saisit l'occasion, ose affronter le dominateur de l'Europe, et l'attaque en Allemagne et en Italie (1809). Elle a déjà envahi la Bavière, fait révolter le Tyrol et la Westphalie et battu le vice-roi d'Italie, lorque Napoléon accourt contre elle. Vainqueur à Abensberg et à Eckmuhl, il entre dans Vienne, est repoussé à Essling, mais triomphe définitivement à Wagram. L'Angleterre échoue dans des attaques contre l'île de Walcheren et contre Anvers. L'Autriche paie cette levée de boucliers par la cession des provinces illyriennes à la France, et de vastes territoires à la confédération du Rhin et au duché de Varsovie.

C'est dans le cours de cette guerre que l'Allemagne commence à manifester les sentimens de haine qu'elle nourrit contre la domination française. Napoléon, malgré tout son génie, a eu de la peine à vaincre l'Autriche seule, et n'a dû le succès qu'à l'immobilité des autres puissances. On sent tout le danger d'une politique qui fait dépendre chaque jour le sort de la France d'une bataille ou de la défection d'un allié, et il est trop certain qu'au premier revers important que subira Napoléon, l'Europe entière se tournera contre lui.

L'Angleterre poursuit le cours de ses succès maritimes, s'empare de toutes les colonies françaises, et prodigue à l'Espagne ses armées et ses trésors. Les Espagnols, qu'aucune défaite ne rebutte et dont l'acharnement ne fait que croître, disputent pied à pied le sol de leur patrie, et les forces de la France se consument dans cette lutte. Mais Napoléon, avec les ressources immenses dont il peut disposer, doit finir par l'emporter. Le reste de l'Europe se tait devant lui, et subit le système continental qui ruine le commerce et produit des souffrances universelles.

L'Empire français s'agrandit sans cesse, en vertu de simples décrets de Napoléon. De graves démêlés politiques et religieux avec le Saint-Siége, et dans lesquels celui-ci met parfois les torts de son côté, amènent la déchéance temporelle du Pape et le partage de ses Etats entre l'empire français et le royaume d'Italie. Le roi de Hollande aimant mieux abdiquer que de se soumettre à une politique qui ruine ses sujets, Napoléon réunit la Hollande à la France avec les villes Anséatiques et quelques autres petits territoires allemands. En 1811, l'Empire français descend au midi au-delà des bouches du Tibre et dépasse au nord celles de l'Elbe. Son territoire, sans y comprendre les possessions détachées, île d'Elbe, îles Ioniennes, Dalmatie, provinces illyriennes, est de plus de 72 millions d'hectares, avec une population d'au-moins 42 millions d'habitans, arrivée aujourd'hui à 53 millions. L'empereur des Français est en même temps roi d'Italie et véritable suzerain de Naples, de Bavière, de Saxe, de Westphalie, de Wurtemberg, de la confédération du Rhin ; tous les rois et princes de ces divers états ne sont que des vassaux couronnés. La Suisse est aussi sous sa dépendance, et l'Espagne doit bientôt subir ses lois. Il faut remonter jusqu'au temps de Charlemagne pour trouver quelque chose de semblable à une telle puissance, qui laisse loin derrière elle celle des anciens empereurs d'Allemagne, celle même de Charles-Quint.

Mais tandis que Napoléon recule chaque jour les frontières de son empire, appesantit de plus en plus sa domination sur l'Occident, et achève de dompter l'Espagne, son redoutable allié du nord se retire de lui. Le blocus continental ruine la Russie, et l'agrandissement continu de la France lui donne de l'ombrage, bien que de son côté elle s'agrandisse au nord aux dépens de la Suède, à qui elle enlève la Finlande, et qu'elle essaie de s'étendre au sud aux dépens de la Turquie. L'Angleterre fortifie Alexandre dans ses dispositions contre la France, et parvient à lui faire abandonner entièrement l'alliance de Napoléon. Celui-ci veut que la Russie reste fermée aux Anglais ; il renouvelle au nord, en 1812, la faute qu'il a commise au sud en 1808, et sa politique devient une gigantesque folie. Il retire de l'Espagne une grande partie de ses forces au moment où elles pourraient terminer la lutte ; dégarnit tout le reste de l'Occident et va attaquer la Russie à la tête de la plus nombreuse et de la plus belle armée qui ait jamais été. L'Autriche, la Prusse, la Confédération du Rhin, marchent avec lui, mais n'attendent que le moment de changer de parti. La Russie, qui a fait la paix avec la Suède et la Turquie, a pour elle l'or et les escadres de l'Angleterre, la guerre d'Espagne, et surtout la profondeur de son territoire et son climat. On sait à quel affreux désastre aboutit cette attaque impossible du midi contre le nord. L'armée de Napoléon culbute partout les Russes, remporte la sanglante victoire de la Moscowa, entre à Moscou, où elle ne trouve que des cendres, se retire, et périt presque tout entière dans la retraite. Malgré une telle perte, malgré la défection de la Prusse et d'une partie de l'Allemagne, l'empire français n'est pas ébranlé, et Napoléon trouve de vastes ressources que son génie met en œuvre avec une promptitude inouïe. Il persiste dans ses projets de domination universelle, repousse toute autre politique, et reparaît, en 1813, en Allemagne, à la tête d'une nouvelle armée, pour combattre une coalition plus forte et surtout plus habile que les précédentes. Il triomphe dans les premières rencontres, à Lutzen et à Bautzen ; les hostilités sont suspendues et on négocie. Les coalisés, dont chaque jour augmente le nombre, exigent que la France rentre dans ses limites naturelles, et sur le refus de Napoléon, la guerre recommence avec acharnement. L'Autriche, neutre jusqu'alors, se déclare contre la France. Napoléon est encore victorieux à Dresde, mais ses lieutenans sont battus à Culm et sur plusieurs autres points. Le Wurtemberg l'abandonne, les Saxons le trahissent, et les funestes journées de Leipsick, la plus grande des batailles, décident la question en faveur de l'Europe. Les Français évacuent l'Allemagne et se replient derrière le Rhin. Les choses ne vont pas mieux en Espagne, où Wellington, le plus habile des adversaires des généraux français, l'homme de guerre et plus tard l'homme d'état le plus utile à son pays, et dont la sagesse heureuse ne doit jamais se démentir, bat toutes les armées envoyées contre lui, et les rejette au-delà des Pyrénées, qu'il franchit à leur suite. Napoléon ne peut plus sauver son trop vaste empire, et ne devrait plus songer qu'à conserver au moins les limites naturelles ; mais il se fait encore tant d'illusions qu'il ne cherche seulement pas à négocier sur cette base, et les alliés, après quelques hésitations, franchissent le Rhin (1814). Quatre grandes armées envahissent la France, au nord, à l'est et au sud. Les deux principales, sous les ordres de Blücher et de Schwartzemberg, marchent sur Paris par les vallées de la Marne et de la Seine. Napoléon, privé d'une partie de ses forces dispersées en Allemagne, et abandonné de l'Italie, ne peut opposer que des poignées de soldats aux flots d'ennemis qui l'attaquent de tous côtés. Il fait des prodiges d'habileté, d'activité et d'audace, et porte de grands coups aux armées de la coalition; mais la France, fatiguée et épuisée, le laisse lutter seul, et s'abandonne de la manière la plus honteuse, et dont aucune autre époque de sa longue histoire n'offre d'exemple. Il succombe, et son règne si éclatant aboutit à une immense catastrophe. La France, vaincue, lasse de la guerre et du régime impérial, désire la paix la moins dure et un gouvernement suffisamment libéral; et l'Europe, qui a tant de ruines à relever et d'états à reconstituer, veut une paix assurée. La monarchie représentative, avec l'ancienne dynastie, paraît à tout le monde la combinaison la plus propre à faire vivre la France sans despotisme et sans guerre, sans agitations intérieures et extérieures, et telle est la cause véritable de la Restauration, nom assez improprement donné au gouvernement royal qui, en 1814, remplace le régime de l'Empire.

Napoléon, déchu, est relégué à l'île d'Elbe. Louis XVIII conclut avec l'Europe le traité de Paris qui, dans la situation où l'on se trouve, est aussi favorable que possible. La France revient à ses limites de 1792, mais en gardant toutes les enclaves qu'elle a acquises depuis cette époque, et même une partie de la Savoie et quelques territoires vers la frontière du nord. L'Angleterre lui restitue ses colonies, à l'exception de l'Ile-de-France et de quelques îlots des Antilles, et sous la condition de ne point élever de fortifications dans l'Inde. Saint-Domingue est devenu un état indépendant. La marine est anéantie.

La France n'a pas atteint le terme de ses malheurs. Tandis qu'elle commence à respirer, et que le congrès de Vienne fait un remaniement général du territoire de l'Europe, Napoléon, qui ne sait pas supporter sa chute, veut remonter sur le trône d'où l'a précipité son ambition. Il débarque en France à la tête de quelques soldats (1815), et sa présence suffit pour faire éclater une révolution militaire, soudaine et irrésistible. L'armée, fascinée, oublie ses devoirs et l'intérêt du pays, abandonne le gouvernement, et court à la rencontre du grand capitaine et du glorieux empereur, objet de son culte et de tous ses souvenirs, et qui lui promet d'effacer ses revers. Mais Napoléon se heurte contre l'impossible, en venant recommencer, dans des conditions plus mauvaises, la lutte dans laquelle il a été vaincu, et entraîne la France à une défaite certaine qui va la plonger dans un abîme de maux, et qui peut même compromettre son existence. Cette tentative, au-dessus des forces humaines, est un moment de délire de l'armée, et l'aventure la plus malheureuse pour la France ; les Cent-Jours ne sont qu'une triste parodie de l'Empire. Les armées de l'Europe, victorieuses à Waterloo, envahissent de nouveau le sol de la France, et occupent une seconde fois sa capitale, sans que le pays, dont l'Empire a usé l'énergie, oppose plus de résistance qu'en 1814. Napoléon se livre à l'Angleterre, qui le retient prisonnier, et le transporte à l'île Sainte-Hélène, au milieu de l'Océan. La France, beaucoup plus durement traitée qu'en 1814, perd la Savoie et quelques places fortes vers le nord où sa frontière, entre la mer et le Rhin, de Dunkerque à Lauterbourg, est tracée d'une manière bizarre et pliée aux convenances politiques et commerciales de la Belgique, de la Prusse et de la Bavière. Elle paie une énorme contribution de guerre, et voit pendant trois ans l'ennemi occuper une partie de son territoire.

La guerre de 1815, qui n'a fait que rendre le naufrage de l'Empire plus complet, est, dans ses diverses et courtes phases, l'image et le résumé de la grande lutte dont l'Europe entière vient d'être le théâtre. Cette lutte, en effet, vue à distance et dans son ensemble, n'est qu'une campagne, on pourrait même dire une seule et immense bataille, qui, comme la campagne de 1815, comme l'affaire de Waterloo, est heureusement commencée, lontemps gagnée, puis définitivement perdue par la France dont les succès et les revers ont été également mérités. A l'intérieur, le retour de l'île d'Elbe n'a pas été moins fatal ; il a éloigné les uns des autres les partis qui se rapprochaient, et a jeté entre eux des susceptibilités, des haines et des vengeances implacables auxquelles sont dues en partie les agitations, les déchiremens et les révolutions postérieurs.

Toute œuvre se juge à son résultat ; celui des guerres de la République et de l'Empire est entièrement nul, quant au territoire ; mais là n'est pas le mal principal. Ces guerres ont considérablement amoindri la situation et la puissance relative de la France, par les changemens qu'elles ont apportés à l'état territorial de l'Europe de 1792. La Russie est agrandie de la Finlande, de la Courlande, de la Bessarabie, de la Georgie, et surtout d'une grande partie de la

Pologne. L'Autriche prend toute la Haute-Italie jusqu'à la Frontière du Piémont, la Dalmatie, quelque territoires allemands et polonais. La Prusse gagne plusieurs provinces sur les deux rives du Rhin, une partie de la Saxe et la Poméranie suédoise. L'Angleterre a Malte et les îles Ioniennes dans la Méditerranée; Helgoland à l'embouchure de l'Elbe; le cap de Bonne-Espérance, l'Ile-de-France, et plusieurs autres colonies, et son empire de l'Inde est définitivement fondé. L'Allemagne se constitue en une nouvelle confédération plus compacte que l'ancien empire. Les territoires des états de second ordre qui avoisinent le Rhin et les Alpes; leurs places fortes; leurs lignes de défense; tout est combiné et disposé dans des vues hostiles à la France.

La Restauration, coupable aux yeux d'une partie du pays des désastres de 1814 et de 1815, dans lesquelles elle n'est cependant pour rien, et qui sont dus uniquement à la politique de Napoléon, songe à effacer ces souvenirs qui pèsent si malheureusement sur elle, et à relever la France de son abaissement. Louis XVIII (1814-1824) prend, dès qu'il le peut, une attitude ferme et digne vis-à vis de l'étranger, réorganise l'armée et la marine, refait les finances et ramène le crédit, intervient en Espagne contre la révolution et dans un intérêt tout français. Charles X (1824-1830) appuie par terre et par mer, et avec plus de générosité que d'intelligence, l'insurrection de la Grèce contre la Turquie, vieille alliée de la France, contre les ambitions russe et autrichienne en Orient. Il s'allie à la Russie et fait avec elle des projets de remaniement territorial qui rendraient à la France la limite du Rhin. Par la prise d'Alger, il détruit la piraterie dans la Méditerranée, et ouvre à la France la conquête du nord de l'Afrique. Une opposition perfide et inconséquente mine le trône et expose le pays à des dangers dont elle n'a pas le sentiment. Pour conjurer ces dangers et assurer à la fois le pouvoir et les libertés publiques, Charles X tente un coup d'état défensif; mais il n'a rien de ce qu'il faut pour réussir dans ces sortes d'affaires, et succombe. Une grande révolution est imminente; Louis-Philippe se jette en travers de cette périlleuse situation, arrête le mouvement, et par une usurpation de famille, que les circonstances rendent inévitable, maintient le principe monarchique et héréditaire, et sauve la dynastie.

Mais le nouveau roi, trop désireux de la paix, ne songe nullement à agrandir la France, se montre timide dans sa politique extérieure, et par ses complaisances pour l'étranger froisse plus d'une fois le sentiment national. Sous son règne, la France se rapproche de l'Angleterre, et se met même un peu à sa suite. Les deux nations semblent oublier leur haine traditionnelle ; mais l'Angleterre seule tire avantage de ce changement ; cette alliance ne repose pas sur un intérêt bien entendu pour la France dont elle compromet les relations avec les puissances continentales. Louis-Philippe débute par une faute que rien ne peut racheter en refusant la Belgique, qui se sépare de la Hollande et se donne à la France. La situation générale de l'Europe, l'agitation de l'Italie, l'insurrection de la Pologne, rendent impossible toute opposition ou coalition dont la France et la Belgique ne soient en état de triompher. L'occasion est perdue, et la Belgique, ne pouvant devenir française, se constitue en état indépendant et neutre, sous la garantie des principales puissances et de la France elle-même, et se crée une nationalité qui devient un obstacle chaque jour plus grand à l'extension du territoire français du côté où il est le plus resserré et le plus faible. Dans cette circonstance et dans beaucoup d'autres, la politique trop pacifique de la monarchie de 1830 est adoptée et soutenue par les hommes qui, sous la Restauration, voulaient toujours la guerre, et ne cessaient, dans leur déloyauté, de représenter le gouvernement comme le vassal de l'étranger.

La conquête de l'Algérie est le fait important du règne de Louis-Philippe. En s'emparant d'Alger, en 1830, la France n'a fait que mettre le pied sur la terre d'Afrique : elle hésite à prendre possession du pays si peu connu que lui offre la victoire, et ce n'est qu'au bout de plusieurs années qu'elle se montre bien déterminée à le garder. On veut d'abord se borner à occuper les points principaux, d'où l'on dominera le reste du pays sur lequel on ne s'étendra que successivement ; mais on reconnaît bientôt l'impossibilité de ce système, on adopte celui d'une occupation générale, et en dix ou douze ans d'une lutte vigoureuse, sans trêve et sans repos, on arrive à la conquête définitive.

Dans cette guerre si différente des guerres de l'Europe, les troupes françaises déploient de grandes qualités. Un de leurs chefs, le maréchal Bugeaud, attache son nom à la conquête, et quelques autres y trouvent une renommée qui ne suffira pas pour les couvrir contre les dangers de la politique et l'ingratitude des révolutions. Un homme remarquable, Abd-el-Kader, veut se faire le restaurateur de la nationalité arabe détruite en Afrique par les Turcs depuis des siècles, et défend avec habileté et énergie les populations qui l'ont mis à leur tête. Grandi par les fautes et les hésitations des Français, il brave longtemps leur puissance, et ne succombe qu'après avoir épuisé tous les moyens de résistance. L'Algérie, placée sur la côte septentrionale d'Afrique, entre la Tunisie et le Maroc, en face de la France, dont elle n'est pour ainsi dire séparée que par un canal, forme une grande contrée, dont les limites sont : à l'est et au sud, une ligne de dunes et de mamelons sablonneux ; à l'ouest, une ligne de dépression formant une sorte de fossé ; au nord, la mer. Elle se divise en deux zones distinctes, à peu près égales en étendue : le Tell, au nord, région des terres labourables, qui incline vers la Méditerranée, le Sahara, au sud, région des sables et des oasis, dont la pente est dirigée vers l'intérieur de l'Afrique. Sa superficie est d'environ 40 millions d'hectares, les quatre cinquièmes, à peu près, de celle de la France. La population indigène, composée de plusieurs races distinctes, et divisée en plus de douze cents tribus, est de 2 à 3 millions d'habitans. Les avantages politiques d'une pareille possession peuvent être immenses. L'Algérie ne doit pas être une colonie, mais une annexe, un appendice, un simple prolongement du territoire français ; les côtes des deux pays, situées en face l'une de l'autre sur la mer qui les baigne, se correspondent comme les rives d'un fleuve. Consolider cette belle conquête et se l'assimiler, est un des grands intérêts actuels de la France; malheureusement, c'est là une œuvre pénible, longue et coûteuse, car tout est à créer sur ce sol, riche mais désolé, qui a gardé à peine quelques ruines des civilisations punique, romaine et arabe qui l'ont successivement couvert. On a déjà fait beaucoup de choses en Algérie, et même de grandes choses ; mais le point essentiel, trop négligé jusqu'alors, est de peupler le pays d'Européens. La France doit s'efforcer de détourner sur l'Algérie le courant d'émigration qui emporte chaque année près d'un demi-million d'habitans de l'Europe vers les régions les plus lointaines; et, pour cela, elle n'a qu'à imiter les Etats-Unis et l'Angleterre. Les émigrans vont en Amérique et en Australie, où ils trouvent des terres dont la propriété leur est immédiatement assurée, une législation fixe et simple, une grande liberté d'action : ils ne vont pas en Algérie, contrée bien plus rapprochée et aussi fertile que ces deux-là, parce qu'ils n'y trouveraient que des terres concédées avec toutes sortes de restrictions, une législation incertaine et compliquée, une autorité despotique ou tracassière, et tous les rouages et embarras administratifs des pays civilisés, sans aucun de leurs avantages. Les Français eux-mêmes n'émigrent pas là. Depuis 1830, plus de 100 mille sont allés s'établir en Amérique, et 80 mille à peine dans l'Algérie, qui n'a pas encore 150 mille âmes de population européenne, et dont la possession ne sera assurée et profitable que lorsqu'elle en aura 2 à 3 millions, ce qui pourrait avoir lieu en moins de vingt ans.

C'est aussi sous le règne de Louis-Philippe que la France occupe, dans l'Océan pacifique, les îles Marquises et les îles de la Société, fort peu importantes en elles-mêmes, et qui ne sont guère que des points de relâche entre les côtes d'Amérique, de Chine et d'Australie.

Louis-Philippe possède l'habileté et la circonspection ordinaires aux fondateurs de dynastie; sa monarchie réunit bien des conditions de durée, et présente l'analogie la plus frappante avec la monarchie anglaise de 1688. Elle tombe cependant, en 1848, de la manière la plus subite, la plus déplorable et la plus honteuse ; et la France, effrayée, subit la république. Le contre-coup de cette catastrophe se fait sentir en Prusse, en Autriche, en Allemagne, en Italie. L'Europe, bouleversée et paralysée, reste une année entière à la merci des révolutions et offre à la France plus d'une occasion de guerre. Mais les républicains de 1848, qui n'ont ni les talens, ni les passions de leurs terribles devanciers de 1793, se tiennent immobiles et ne savent pas trouver, dans quelque agrandissement de territoire, une compensation aux maux intérieurs que leur gouvernement cause à la France. En ne prenant pas part, dans des circonstances très-favorables, à la guerre de l'Italie contre l'Autriche, qui peut facilement leur valoir Nice et la Savoie, ils agissent à peu près comme Louis-Philippe refusant la Belgique. En 1848, comme en 1830, la France, brisée par la révolution et privée du sentiment national, n'ose former aucun désir d'agrandissement, symptôme trop certain d'affaissement et peut-être de décadence chez une nation qui a toujours eu l'esprit d'entreprise et de conquête.

Après 1848, l'Europe sort peu à peu de son état d'angoisse et d'agitation. Les guerres d'Italie, de Hongrie et de Danemarck, qui pouvaient amener une conflagration universelle, sont restées des luttes locales. La France n'y prend part que pour rétablir la papauté dans son pouvoir temporel; et c'est au milieu de cette situation qu'elle arrive au régime actuel dont elle attend une politique extérieure ferme et digne, et, si la fortune le sert, une augmentation de force et de puissance, un accroissement de territoire et même ses limites naturelles.

LIVRE IV.

Considérations générales sur la formation de la France et sur son état actuel. — Superficie et population des principaux États de l'Europe. — Nécessité, pour la France, de posséder ses limites. — Politique naturelle de la France. — Sa situation intérieure.

On vient de voir quels ont été, durant huit cent cinquante ans, de la fin du xe siècle au milieu du xixe, la formation, le développement, les variations de la France et sa marche vers ses limites naturelles ; quelle est, en un mot, son œuvre territoriale. L'origine et la base de cette œuvre, son point de départ, ses phases principales, ses accidens importans sont bien marqués et faciles à saisir. Au moment où les derniers vestiges de la conquête germaine disparaissent dans la Gaule divisée en une multitude de fiefs, de principautés, de provinces, qui tous sont de véritables États tendant eux-mêmes à se subdiviser, la nationalité française, appuyée sur le principe monarchique qui la développe et la fortifie, se forme dans le bassin de la Seine, au point même que la nature a préparé pour être le centre politique de tous le pays compris entre les deux mers et le Rhin, entre les Alpes et les Pyrénées. Pendant plus de trois siècles, et sans aucune interruption, la royauté prospère et acquiert une prépondérance décisive ; le territoire s'agrandit rapidement, et la France, plus sage et plus habile que l'Allemagne et que l'Italie, voit dès lors son unité assurée. Une longue et sanglante lutte avec l'Angleterre, les rivalités des princes du sang, la réaction féodale, l'arrêtent pendant plus de cent vingt ans dans sa marche heureuse et rapide, et lui font courir les plus grands dangers. Sortie victorieuse de cette terrible épreuve, elle rétablit sa fortune, reprend son œuvre d'agrandissement et d'unité, et continue à croître en force et en étendue ; dès la fin du XVe siècle, elle est le plus compacte et le plus robuste de tous les États de l'Europe. Mais elle se lance alors dans une fausse direction et s'épuise en vains efforts pour s'étendre au midi, au-delà de ses limites naturelles, au lieu de se porter vers le nord, où l'appellent ses vrais intérêts. Elle lutte péniblement contre l'Empire et contre l'Espagne, qui est à l'apogée de sa puissance. Puis surviennent les fatales guerres de religion. Tout le XVIe siècle, époque si importante pour les destinées de l'Europe, est perdu pour l'agrandissement du territoire français. Mais une fois ces dangereuses crises passées, la France, conduite par de grands hommes d'état, prend un essor vigoureux, fait de grandes conquêtes, affaiblit l'Espagne et la maison d'Autriche, et pendant une grande partie du XVIIe siècle, elle est, sur terre et sur mer et par ses colonies, la première puissance de l'Europe. La succession d'Espagne peut augmenter et assurer cette prépondérance; une fausse politique la fait, au contraire, décheoir, et, depuis ce moment jusqu'à la Révolution, la France voit diminuer sa puissance relative. Elle agrandit encore son territoire, mais elle perd ses belles et vastes possessions d'Amérique et de l'Inde, et manque sans retour sa fortune coloniale. Les guerres de la Révolution lui font acquérir sur tous les points ses limites naturelles et lui rendent sa prépondérance sur le continent. Napoléon l'élève à une destinée merveilleuse, lui fait franchir ses limites, et l'étend d'un côté jusqu'au centre de l'Italie, de l'autre jusqu'à la Baltique; la moitié de l'Europe est à ses pieds. Cette grandeur ne dure qu'un moment; l'empire de Napoléon s'écroule sous les coups d'ennemis innombrables, et la France est réduite à son territoire de 1792. Depuis, elle fait la conquête de l'Algérie, mais laisse échapper les occasions de reprendre la Belgique et le versant des Alpes, et son territoire reste toujours aussi incomplet.

Dans la formation de la plupart des états on trouve, comme dans celle de la France, l'accord de la politique et de la géographie; quelques-uns cependant, parmi lesquels l'Autriche figure en première ligne, se sont développés dans des conditions toutes différentes. L'œuvre territoriale de l'empire autrichien, plus considérable et bien autrement difficile, sous certains rapports, que celle du royaume de France, en est le contraste le plus frappant et l'exemple le plus remarquable de ce que peut quelquefois contre la nature même une politique habile, énergique et persévérante. Géographie, races, nationalités, langues, mœurs, religions, il a fallu tout violenter, pour former ce vaste et puissant état, composé d'élémens fort divers et même contraires. Mais, aussi, n'est-il en réalité qu'une savante mosaïque dont les assemblages ne peuvent être maintenus que par des prodiges d'énergie et d'habileté, tandis que ceux dont l'existence est plus conforme à la nature subsistent en dépit des plus grandes fautes.

Bien que, grâce à sa forte organisation militaire, à son active diplomatie, à sa politique tenace et vigoureuse, il occupe une si grande place en Europe et qu'il ait pu braver plus d'une fois des crises et des dangers terribles, il n'aura jamais toute la solidité et la sécurité des états naturels tels que la France, l'Espagne, l'Angleterre, la Russie. N'ayant pas en lui-même sa raison d'être qui repose, avant tout, sur l'antagonisme de l'occident et de l'orient de l'Europe, il peut se trouver fort compromis si les conditions de l'équilibre européen viennent à changer.

Si malgré la situation si favorable du point de départ, la structure heureuse et tous les avantages géographiques du territoire, la formation de la France a été lente et pénible, et est loin encore d'être terminée, c'est qu'elle a toujours rencontré de grands obstacles venant du dehors. Au lieu de songer à s'agrandir, la France, qui n'est pas isolée comme l'Espagne ou l'Angleterre, a dû bien souvent faire d'immenses efforts pour ne pas périr sous les coups de l'étranger, et nul état n'a été plus en butte aux attaques de ses voisins et même de toute l'Europe. Sans ses qualités guerrières et sans le principe monarchique autour duquel elle se ralliait aux jours de crise et de malheur, et qui la couvrait, elle aurait péri depuis longtemps. Elle a été la nation des temps modernes la plus robuste et la plus habile dans l'art de la guerre, parce que c'était là sans doute la condition même de son existence. Si sa politique avait toujours égalé ses armes comme au XIIIe, au XVe et au XVIIe siècles, sous Philippe II et Louis IX, Charles VII et Louis XI, Henri IV, Richelieu et Louis XIV, elle aurait, dès le XVIe siècle, atteint ses limites et ensuite asservi l'Europe, ou du moins conquis une immense prépondérance. Mais après le XVIIe siècle, et sauf ses momens d'énergie républicaine et d'ambition impériale, elle ne fait que perdre en influence et en puissance relative, et manque son rôle dans le monde en se laissant enlever la suprématie des mers par l'Angleterre, celle de l'Europe par la Russie, celle de l'Amérique par les États-Unis. Elle agrandit cependant son territoire sous Louis XV et sous Louis XVI, et prend, sous Louis-Philippe, possession de l'Algérie. Mais elle ne peut rien garder des conquêtes de la République et de l'Empire, et les désastres de 1814 et de 1815 compromettent même l'intégrité de l'ancien territoire. C'est surtout sous le rapport de la puissance maritime et coloniale que la mollesse et l'ineptie de

Louis XV, les malheurs de la Révolution et les désastres de l'Empire ont été fatals. Louis XIV, hardi et persévérant dans sa politique maritime et commerciale, avait obtenu des résultats qui devaient donner un jour à la France la domination des mers. Ses possessions d'Amérique, bien plus considérables et bien mieux situées que celles de l'Angleterre, s'étendaient de l'Atlantique au golfe du Mexique, par la grande et double vallée du Saint-Laurent, des Lacs, du Missisipi et de ses affluens. Partout ailleurs, aux Antilles, sur les côtes d'Afrique, dans l'Inde et dans toutes les mers de l'Asie, elle disputait la prépondérance. Elle possédait les meilleures pêcheries du monde, sur les côtes de l'Acadie et du Canada, à l'île Royale et à Terre-Neuve. Louis XV perd l'Inde et l'Amérique, qui deviennent, l'une une colonie anglaise de 120 millions d'habitans, l'autre un état indépendant, mais anglais d'origine, de mœurs et de langage. Napoléon perd Saint-Domingue et l'Ile-de-France, les deux meilleures colonies restantes; Saint-Domingue forme un pays indépendant, et l'Ile-de-France appartient aux Anglais. La France ne possède plus que quelques chétives colonies et quelques pauvres comptoirs, et n'a plus ni force, ni influence en Asie et en Amérique.

Il est permis de croire, en se fondant sur le passé, que, sans la Révolution, la France, loin de décheoir sur terre et sur mer, aurait, non-seulement maintenu, mais agrandi sa puissance et étendu son territoire. Toutefois, les grandes guerres de 1792 à 1815, si elles n'ont servi qu'à l'affaiblir et à fortifier ses rivales, ont donné à ses armes un éclat immortel. Ces guerres forment la plus magnifique épopée des temps connus. Les expéditions d'Alexandre et d'Annibal, les conquêtes de Rome sous la République, sous César et sous les Empereurs, les invasions des Barbares, les exploits de Charlemagne, les marches victorieuses des Turcs en Asie, en Afrique et en Europe, n'offrent rien d'aussi grand, comme actions militaires, que les campagnes et les combats, les succès et les revers des armées françaises de 1792 à 1815. Le monde restera longtemps frappé et ébloui de l'énergie républicaine et de la gloire impériale.

Les traités de 1815 ont détruit l'Empire de Napoléon et réparti les forces de l'Europe, à peu près sur les mêmes bases que les traités de Westphalie et d'Utrecht. La France a dû subir les conséquences de ses désastres, et les vainqueurs n'ont fait qu'user du droit de la guerre et du bénéfice de la victoire, en lui enlevant toutes ses conquêtes et en la refoulant sur son ancien territoire. Il faut même reconnaître que si tout avait été remis ainsi sur l'ancien pied en Europe, la France, vaincue et envahie deux fois, n'aurait pas été traitée bien durement. Mais les quatre grandes puissances, ses rivales, se sont beaucoup agrandies et ont pris contre elle les plus méçantes précautions. Une triple ligne de forteresses créée dans les Pays-Bas, forme, pour les armées ennemies, un vaste camp retranché, à la fois agressif et défensif, tout près de la frontière du nord, la plus vulnérable et la plus rapprochée de Paris, et assure la jonction des forces de l'Angleterre avec celles du continent. Un autre système de places fortes, non moins redoutable, a été établi à l'est, entre la Moselle, le Rhin et la Sarre. Enfin, de grandes fortifications, des camps retranchés, des têtes de pont, ont été élevés sur les deux rives du Rhin. L'Europe n'a rien négligé pour avoir le moyen, soit d'arrêter une invasion française en Belgique et vers le Rhin, soit d'y porter elle-même la guerre. La petite distance de Paris à la frontière, six à sept marches dans un pays de plaines, est un péril d'autant plus grand, qu'une fois cette ville perdue, la France se croit réduite à mettre bas les armes. L'importance excessive de la capitale depuis 1792, et le morcellement du territoire en petits départemens, ont porté atteinte au patriotisme, et sont une cause de faiblesse bien plus grande que sous l'ancienne monarchie. Les fortifications de Paris, d'une utilité incontestable, ne suffisent pas à conjurer le péril; la possession de la Belgique est indispensable pour que la France ne soit pas trop exposée par une attaque contre ses frontières du nord. Le danger est beaucoup moindre au nord-est, entre la Belgique et le Rhin. Paris est plus éloigné de cette frontière dont le séparent la Moselle, la Meuse, les collines de l'Argonne, les crêtes des plateaux de la Champagne. Les campagnes de 1792 et de 1814 ont fait voir quel parti on peut tirer de ces diverses lignes de défense, et c'est surtout dans le but de les tourner et d'attaquer par le nord que l'Europe de 1815 a combiné ce vaste ensemble de points fortifiés dans les Pays-Bas, sur la Meuse, la Moselle et la Sarre, et sur toute la partie du cours du Rhin comprise entre la France et la Hollande. A l'est, la France a à peu près sa frontière naturelle avec de bonnes lignes de défense, et est d'ailleurs couverte par la Suisse. Quant au sud-est, entre le lac de Genève et la Méditerranée, il y a peu à se préoccuper de ses limites naturelles au point de vue de la défense. Une invasion par cette frontière comme par celle des Pyrénées ne peut être qu'une diversion et ne fera jamais courir de danger réel au pays. Ce n'est que comme complément de territoire, et surtout de littoral, et pour avoir plus d'action sur l'Italie que la France doit désirer la possession de Nice et de la Savoie. L'Europe a pris ses précautions de ce côté, non pour attaquer, mais pour prévenir une attaque, et arrêter une invasion française dans la Péninsule. Tous les passages des Alpes sont occupés et solidement fortifiés par le Piémont. La double ligne du Mincio et de l'Adige, au milieu des plaines de la Haute-Italie, d'autres lignes en arrière, avec de grandes et nombreuses places fortes, couvrent les possessions italiennes de l'Autriche et rendent bien autrement difficiles qu'avant 1815 une attaque contre cet Empire par l'Italie, de même que les fortifications du Rhin et du Danube opposent désormais de grands obstacles à une invasion en Allemagne.

La France est donc dans de moins bonnes conditions qu'avant 1815 pour repousser une invasion, pour soutenir la guerre sur le Rhin et vers les Alpes, et pour la porter au-delà. Des trois parties de territoire qui lui manquent, la Belgique, les provinces rhénanes et le versant des Alpes, c'est surtout la Belgique qu'elle doit désirer, et elle ne saurait trop déplorer les fautes et les malheurs tels que les guerres d'Italie et les guerres de religion du XVIe siècle, la Fronde, la guerre de la succession d'Espagne, la faiblesse de Louis XV, les désastres de l'Empire, la timidité de Louis-Philippe, qui l'ont empêché d'acquérir ou qui lui ont fait perdre les Pays-Bas. Une sorte de fatalité a toujours pesé sur elle de ce côté; tandis qu'au midi, elle a pu s'étendre rapidement jusqu'à ses limites naturelles; au nord, elle s'est toujours vue arrêtée aux portes de Paris, sur le point où elle a le plus d'intérêt à s'agrandir, et où, géographiquement, rien ne la limite. Au-dessous de Wesel, le Rhin, se partageant en plusieurs bras, est moins que partout ailleurs une bonne ligne de démarcation, et quand Napoléon réunissait à la France la Hollande et même les bouches de l'Elbe, il sortait peu de la vérité géographique, et ces réunions étaient beaucoup plus naturelles que celle du Piémont. La séparation de la Belgique d'avec la Hollande et sa prétendue neutralité n'ont pas amélioré l'état des choses sur ce point de la frontière. D'un côté, la Belgique ne désire plus, comme avant 1830, sa réunion à la France, et de l'autre sa neutralité est impossible ; elle n'est pas en état de la faire respecter par des armées puissantes manœuvrant entre la Meuse et le Rhin, et qui, en n'occupant pas son territoire et ses places, verraient à chaque instant leurs opérations compromises.

Les alliances et toutes les relations de la France ont été aussi modifiées à son préjudice. Ses deux appuis les plus naturels, l'Italie et l'Espagne, ont perdu, par suite des guerres de l'Empire, l'une ses plus riches provinces devenues la possession de l'Autriche, l'autre ses immenses et magnifiques colonies devenues indépendantes. La Prusse, qui, avant 1789, n'avait pas d'intérêts contraires à ceux de la France, est maintenant son adversaire territoriale, et le vieux penchant qu'une partie de l'Allemagne avait pour elle s'est changé en haine. Les états de second et de troisième ordre, dont un grand nombre marchaient autrefois d'accord avec elle, se meuvent aujourd'hui dans les orbites des autres grandes puissances. L'influence de l'Autriche est toute puissante en Italie, celle de l'Angleterre sur le Portugal et la Belgique, celle de la Prusse sur une partie de l'Allemagne, celle de la Russie presque partout, mais surtout vers l'Orient.

Toutefois, si l'on ne doit pas se faire illusion sur

la situation de la France depuis 1815, il ne faut pas non plus exagérer le danger. La résistance à une coalition est plus difficile qu'autrefois ; elle n'est pas impossible. La France possède, sur ses frontières du nord si menacées, de bonnes et nombreuses places de guerre. Son armée, instruite, disciplinée, pleine de patriotisme et la plus aguerrie de l'Europe, se verrait, en cas d'invasion, appuyée par une population brave et énergique. Dans les conditions actuelles, un gouvernement habile et énergique, en possession de toutes les forces, de toutes les ressources et de la confiance du pays, pourrait encore repousser l'attaque d'une coalition dont ne feraient pas partie toutes les grandes puissances ; une sage politique peut d'ailleurs lui procurer l'alliance de plusieurs états dont les intérêts sont les mêmes que les siens ; mais chaque jour augmente la faiblesse relative de la France par les modifications incessantes qu'apporte à l'état de l'Europe et du monde entier la marche du temps et des choses. A population égale, la France était autrefois et est peut-être encore plus forte et plus puissante que tout autre pays. Mais la civilisation, l'industrie, tous les progrès modernes nivellent les races et les nations. Les armées des principales puissances ne tarderont pas à se valoir si déjà elles ne se valent. Le nombre a de plus en plus d'importance, et devient l'élément le plus réel et la mesure de la force. Les voies de communication, les chemins de fer surtout, sont un puissant moyen d'action pour les grands pays dont ils opèrent la cohésion, et dont ils rapprochent en masses formidables les parties mal unies jusqu'alors. Il en est de même de tout ce que réalise l'industrie. Ce sont les États les plus peuplés qui gagnent le plus aux progrès matériels, les seuls dont se préoccupe notre époque. La force sera donc désormais dans le nombre, et la population devient la base principale de la puissance et de la valeur politique. On ne verra plus de petites nations telles que Venise, la Suisse, la Hollande, tenir une grande place et jouer un rôle important.

Les progrès matériels et toutes les causes qui tendent à faire de la population la mesure de la puissance, tendant aussi à la proportionner à la superficie, il est certain que la puissance va aux États les plus vastes, sauf ceux qui, comme la Suède et la Norwège ou la Turquie, sont placés dans des conditions physiques ou morales tout exceptionnelles. La superficie des grands Etats de l'Europe, leur population et son accroissement doivent donc attirer plus que jamais l'attention de la politique.

Avant les guerres de la Révolution, les principaux états comprenaient en superficie et en population, ainsi qu'on l'a déjà indiqué plus haut :

	Hectares.		Habitans.	
Russie d'Europe.	480 millions.	—	33 millions.	
Autriche.	65	—	29	—
France.	53	—	30	—
Espagne.	48	—	12	—
Grande-Bretagne.	31	—	15	—
Allemagne. . . .	»	—	9	—
Prusse.	20	—	7	—

Après les traités de 1815, les superficies et les populations se sont trouvées ainsi réparties :

	Hectares.		Habitans.	
Russie d'Europe. . .	545 millions.	—	46 millions.	
Autriche.	68	—	30	—
France	53	—	30	—
Espagne	48	—	12	—
Grande-Bretagne. . .	31	—	19	—
Prusse.	28	—	10	—
Conf.-Germanique.	24	—	11	—

Depuis 1816, les superficies sont restées les mêmes, mais les populations sont devenues :

	Habitans.
Russie d'Europe	64 millions.

	Habitans.
Autriche.	39 millions.
France.	36 —
Grande-Bretagne.	29 —
Espagne.	15 —
Confédération-Germanique.	18 —
Prusse.	18 —

Depuis les traités de 1815, la France n'est, en superficie, que le dixième de la Russie; les trois quarts de l'Autriche; l'égale de la Prusse et de l'Allemagne réunies. Sa population, peu inférieure à celle de la Russie et supérieure à toutes les autres, en 1790, n'a pu s'accroître pendant les guerres de la Révolution et de l'Empire, et se retrouve la même en 1816; elle augmente depuis cette époque, mais les nouvelles conditions politiques et sociales du pays rendent cette augmentation moins rapide que chez les peuples du Nord et de l'Est. D'après les résultats des vingt dernières années, la population doit doubler en moins de 30 ans en Prusse et dans la Confédération-Germanique; en 42 ans en Angleterre; en 66 ans en Russie; en 70 ans en Autriche; en 130 ans en France. Dans 25 à 30 ans, la Prusse, et la Confédération-Germanique pourront avoir 60 millions d'habitans; l'Autriche en aura au moins 45 millions, la Russie 80, la France 40 au plus. La population de la France qui, avant la Révolution, était le tiers de celles de la Russie, de l'Autriche, de la Prusse, de l'Allemagne et de la Grande-Bretagne réunies, n'en était plus que le quart en 1816; n'en n'est plus guère que le cinquième aujourd'hui, et en sera à peine le sixième dans 30 ans. Ces chiffres ne disent que trop combien tout a changé depuis 60 ans au détriment de la France, tant à l'intérieur qu'à l'extérieur. Dans de telles conditions chaque jour qui s'écoule est pour elle un pas vers la déchéance. Une nation ne tombe pas seulement parce qu'elle dégénère ou reste stationnaire, tandis que ses rivales progressent, mais aussi parce qu'elle marche moins vite qu'elles. Tel a été le sort de Venise, de la Hollande, de l'Espagne, de la Turquie; tel est celui qui menace la France, si sa force relative va toujours décroissant. L'unique moyen réel de l'éviter est d'étendre le territoire français au moins jusqu'à ses limites naturelles. Ce sera une augmentation d'une dizaine de millions d'hectares peuplés aujourd'hui de 9 à 10 millions d'habitans; ce qui, joint à une plus grande solidité des frontières, maintiendra la France dans une situation respectable, en attendant de plus grands changemens dans l'état de l'Europe. C'est un intérêt vital, non une vaine ambition, qui veut qu'elle ne tarde pas trop à s'avancer d'un côté jusqu'aux Alpes, et de l'autre au moins jusqu'au Rhin. Les objections, les sophismes, les utopies, les argumens de toute nature avec lesquels on sait si bien de nos jours combattre la vérité, tombent d'eux-mêmes devant les seules considérations qui viennent d'être présentées. On entend dire assez souvent que l'occupation de l'Algérie dispense la France de tout agrandissement en Europe, et on se laisse aller volontiers à cette erreur. L'Algérie ne pourra jamais tenir lieu de la Belgique et des provinces rhénanes. Les avantages, d'ailleurs très-grands, de cette conquête, sont d'un tout autre ordre que ceux de la possession de la ligne du Rhin. L'Algérie, avant d'être une force, si jamais elle peut le devenir, ne sera pendant longtemps qu'une cause de faiblesse, puisque, même en temps ordinaire, son occupation et sa colonisation nécessitent la présence d'une armée de plus de 60 mille hommes et occasionnent une dépense annuelle de plus de 50 millions de francs. Loin donc d'équivaloir à la Belgique et aux pays du Rhin, elle ne fait que rendre leur possession plus nécessaire. Il ne faut pas que la France oublie que ce sont ses embarras et sa faiblesse sur le continent qui lui ont fait perdre l'Inde, l'Amérique et ses autres colonies importantes. Pour ne pas perdre aussi l'Algérie, elle doit se faire forte en Europe.

Si, dans l'état actuel de l'Europe, les progrès de la civilisation et de l'industrie tendent presque tous à ruiner d'une manière sourde et continue la puissance de la France, il en est un, l'application de la vapeur à la navigation, qui peut au contraire lui être fort utile. Avec une nombreuse flotte à vapeur, le passage de la Manche, à force ouverte, ou par surprise, n'est pas plus difficile pour une armée française que le passage du Rhin, et l'Angleterre n'est plus comme autrefois à l'abri d'une invasion. Malheureusement la France ne s'est pas jusqu'ici assez préoccupée d'une invention si heureuse pour elle, et qui pouvait changer à son profit la face des affaires dans le monde entier; son infériorité vis-à-vis de l'Angleterre n'est pas moins grande en marine à vapeur qu'en marine à voile.

Si la France est encore trop faible en marine à vapeur pour songer, dans le cas d'une guerre prochaine avec l'Angleterre, à une descente dans cette île ou à quelques autres entreprises maritimes très-considérables, elle est du moins assez forte pour tenter une conquête devenue indispensable à la sécurité de son littoral du nord, celle des îles de Jersey, Guernesey et autres qui s'élèvent si près de ce littoral et à l'entrée de la Manche, entre la Bretagne et le Cotentin. Elles font partie du territoire français et sont ses limites sur la Manche comme celles d'Ouessant, de Ré, d'Oleron, etc., sur l'Océan, et celles d'Hyères sur la Méditerranée; elles sont presque pour la France ce que l'île de Wight est pour l'Angleterre. Les Anglais en ont fait des postes militaires et maritimes de premier ordre comme Gibraltar, Malte et tant d'autres points importans qu'ils occupent par tout le globe. De là ils peuvent surveiller les entrées et les sorties de tous les ports de la Manche, en entraver toute la navigation, intercepter les communications entre Brest et Cherbourg et menacer les côtes de France.

Les pays que la France a besoin d'incorporer à son territoire doivent aussi désirer cette réunion. Appartenant à la grande région dont Paris est le cœur, et dont les Alpes, les Pyrénées et les deux mers sont les limites; français d'origine, de langage, de mœurs, de religion, d'intérêt, il n'ont qu'à gagner à le devenir politiquement. La Savoie et les provinces rhénanes n'auront pas à regretter une domination étrangère; la Belgique ne regrettera pas une nationalité factice et toute nouvelle qui ne doit son existence qu'à la jalousie de l'Europe contre la France. Quelques événemens et quelques intérêts récents et passagers ne peuvent changer la nature des choses, et ne doivent pas faire perdre de vue les intérêts vrais et durables. Quand la France pourra et voudra posséder ces pays, elle les trouvera prêts à la seconder. Si l'annexion, sous la République et l'Empire, leur a été peu avantageuse, c'était uniquement la faute des circonstances; autrement elles auraient eu tout à gagner, comme les anciennes provinces qui, une fois incorporées, n'ont jamais désiré une séparation.

Mais comment arriver à cette possession? Comment entreprendre des conquêtes, sans courir les terribles dangers auxquels est exposée la France depuis 1815? C'est là le secret de ses hommes d'état, la plus difficile assurément de leurs affaires, mais aussi la plus grande et le plus important service qu'ils puissent rendre à la patrie. En pareille matière, personne ne peut avoir la prétention de donner des conseils, de combiner et de proposer à l'avance des plans que les circonstances seules font naître et rendent praticables. On doit se borner à rappeler les leçons du passé, en constatant que bien des fois la France a manqué l'occasion d'acquérir ces belles et fortes contrées, continuation de son territoire, objet éternel de ses désirs et de ses besoins ; que cette occasion s'est déjà présentée depuis 1815, et qu'elle peut revenir bientôt. Il est toutefois une politique générale et permanente que la France ne doit plus délaisser comme elle l'a fait trop souvent et qu'il est bon de lui rappeler sans cesse.

L'Adriatique, les Alpes, le Rhin et la Manche, séparent le sud-ouest de l'Europe de ses autres parties, et en font une région particulière, composée d'un territoire continental, la France, et de deux péninsules, l'Italie et l'Espagne. Les Français, les Espagnols et les Italiens se rapprochent tellement par le langage, la religion, les mœurs et même par la nature de leur territoire, que sans les Alpes et les Pyrénées, ainsi qu'on l'a déjà dit, ils ne formeraient peut-être qu'une nation. L'alliance de ces trois peuples est dans la nature des choses, et aurait dû être de tout temps le but de leur politique extérieure, mais surtout depuis les changemens, si menaçans pour leur prospérité et même pour leur sûreté, qui se produisent en Europe depuis la fin du XVIIe siècle. La maison de Bourbon, régnant à la fois en France, en Espagne, à Naples et à Parme ; parente de la maison de Savoie ;

alliée du pape, de Gènes et de Venise, avait réalisé en partie cette alliance, vers le milieu du XVIIIe siècle. Napoléon a voulu aussi la réaliser, et pouvait le faire de la manière la plus heureuse et la plus complète ; on sait quels moyens il a employés et comment il l'a compromise. Et cependant, telle était la force de cet homme qu'en ne portant pas son ambition trop loin dans le Nord, et en laissant à la Russie plus de liberté vers l'Orient, il serait parvenu, malgré ses fautes envers l'Espagne et envers l'Italie, à mettre ces deux pays à la suite et sous la dépendance de la France, et même à réunir sous le sceptre impérial, en un un seul et colossal état, ces trois contrées, les plus belles et les plus célèbres de l'Europe, qu'elles ont dominée tour à tour par les armes, la religion et les arts, et qui dans l'antiquité, au moyen-âge et dans les temps modernes, ont accompli les plus grandes choses. Ce qui était possible à Napoléon est un rêve aujourd'hui, et il faut revenir et se tenir à la politique plus modeste, mais seule praticable des Bourbons et de Choiseul ; sa nécessité se fait de plus en plus sentir, et devient même la condition d'existence de la race latine pressée de tous côtés par les races slave et anglo-saxonne, et qui décline partout. La race slave se groupe sous le sceptre russe, et menace l'Occident; et la race anglo-saxonne étend sa domination sur tout le Nouveau-Monde, tandis que la race latine, divisée et ne se rattachant à aucun centre, perd toute force d'expansion et s'affaisse sur elle-même. L'union intime de la France, de l'Espagne et de l'Italie, peut seule la sauver, en faisant de toutes ses forces un faisceau formidable, qui, mis en œuvre par une politique habile et vigoureuse, donnerait à la France la ligne du Rhin; rendrait à l'Italie ses provinces que tient l'Autriche; à l'Espagne, Gibraltar et même le Portugal, qui n'est qu'un fief anglais, et pourrait expulser l'Angleterre de la Méditerranée. Ce serait alors une puissante confédération avec un superbe territoire de 150 millions d'hectares, séparé du reste de l'Europe par de fortes barrières, comprenant une vaste étendue de côtes sur trois mers et de grandes îles dans la Méditerranée, et peuplé aujourd'hui de 90 millions d'âmes. L'Espagne et l'Italie pourraient même ajouter à leur territoire, l'une le Maroc, et l'autre la Tunisie, qui seraient pour elles ce que sera pour la France l'Algérie, et qui sont moins éloignées de l'Europe et mieux situées. Le Maroc, à peine séparé de l'Espagne par le détroit de Gibraltar, se développe comme elle sur les deux mers ; la Tunisie, où a fleuri Carthage, est fort rapprochée de la Sardaigne et de la Sicile, s'étend sur les deux bassins de la Méditerranée, et se trouve placée sur la route de l'Orient. Les conséquences d'un tel état de choses seraient immenses. La confédération latine, maîtresse de tout le littoral de la Méditerranée occidentale et groupée autour de cette mer, qui deviendrait sa place de guerre et de commerce; possédant à l'ouest toutes les côtes de l'Océan, du Rhin au Sénégal, et à l'est celles de l'Adriatique et d'une partie de la Méditerranée orientale ; occupant les Açores, les Canaries et les principales Antilles ; ayant enfin pour alliées naturelles l'Amérique du Sud et la Turquie, dominerait l'Europe et arracherait à l'Angleterre l'empire des mers.

Quelque avantageuse et quelque nécessaire même que soit cette alliance, elle est fort difficile à réaliser, et, réalisée, la décadence de la race latine, la faiblesse de l'Espagne et la nullité de l'Italie, peuvent la rendre inefficace. La France doit donc, sans renoncer à sa politique la plus naturelle, porter aussi ses vues ailleurs et chercher un appui plus solide. Elle ne pourra le trouver qu'au nord, dans la Russie, la Suède et le Danemark, qui n'ont pas comme l'Angleterre, l'Autriche, la Prusse et l'Allemagne, des intérêts opposés aux siens. Mais pour se rapprocher de la Russie, la France ne doit pas adopter une politique qui la mettrait à la suite d'une si redoutable alliée, et qui lui ferait perdre son influence en Orient. Quant à l'alliance des Etats-Unis, utile contre l'Angleterre, elle serait à peu près nulle contre le continent.

Union intime avec l'Espagne et l'Italie; neutralité de la Hollande et de la Suisse ; alliance avec la Russie, tel doit être le but constant de la politique française.

Mais la politique et l'action extérieures d'un pays, ses alliances et ses relations sont subordonnées à son état intérieur, qui lui-même dépend de la nature et de l'esprit du gouvernement et des institutions. La première condition de force, de grandeur et de confiance est un régime adapté au caractère et aux besoins de la population, obéi et respecté, et qui dure; un pays ne peut rien sans un gouvernement fort et stable. Pour la France, ce gouvernement est la monarchie : un passé de huit siècles l'atteste. C'est la monarchie qui l'a créée, c'est par la monarchie qu'elle a vécu et grandi; tout est monarchique en elle, origine, tradition, mœurs, intérêts, préjugés. En voulant se donner un autre régime, elle s'est jetée hors de ses voies, s'est complétement fourvoyée, et n'est arrivée qu'à s'affaiblir et à déchoir. Sans la chute de l'ancienne monarchie, sans les révolutions et la fausse politique qu'elles ont engendrée, la France aurait depuis 1789 agrandi plus ou moins rapidement son territoire, comme par le passé, et posséderait peut-être aujourd'hui la Belgique. En tous cas, elle n'aurait pas dépensé quelques millions d'hommes et 25 à 30 milliards de francs, sans autre résultat que d'avoir bouleversé l'Europe à son propre détriment, et de s'être amoindrie matériellement et moralement. En 1789, il fallait des réformes, non des révolutions ; et ce qui importait le plus, c'était la conservation du principe monarchique, qui n'a pas été inventé pour l'agrément des princes, mais pour le bonheur des peuples.

Après tant de luttes, de discordes et d'agitations qui n'ont rien résolu ; après la révolution de 1848, la plus pitoyable de toutes, et victoire si étrange des idées et des passions anarchiques, la France doit comprendre qu'en ne se laissant pas gouverner ou en changeant sans cesse de gouvernement, elle marche à sa perte. Elle a pu voir ce que valent, dans la pratique, ces habiles et séduisantes théories de droits de l'homme, de l'égalité, de la souveraineté du peuple, de l'infaillibilité du nombre, du pouvoir électif et révocable, de l'indépendance de chaque génération, de la liberté illimitée de la presse. L'égalité des conditions, si elle était possible, n'existerait qu'au grand préjudice de l'humanité, et c'est tout au plus si celle des droits peut être absolue. La souveraineté est un principe au-dessus de l'homme, la condition de l'existence sociale, une loi que les masses ne peuvent établir, et qu'elles doivent reconnaître. La maxime que l'avis de la majorité doit faire loi est d'une application funeste quand on consulte tout le monde, puisque les esprits faux et les gens ignorans sont et seront toujours infiniment plus nombreux que les esprits justes et les gens éclairés. Ce n'est pas la volonté des masses qu'il faut consulter, mais leur intérêt, dont la connaissance leur échappe presque toujours. La liberté de la presse nuit plutôt qu'elle ne sert à la manifestation de l'opinion. C'est une arme dangereuse et difficile à manier, permise en apparence à tout le monde, mais dont en réalité quelques spadassins seulement savent ou peuvent se servir, et qui n'est par conséquent qu'un instrument de tyrannie, tyrannie de tous les instans, et qui s'étend à tout. C'est le droit de la plume, plus inique et plus funeste que celui de l'épée, parce que tout le monde, à peu près, peut faire usage de celle-ci, au moins pour se défendre, et que d'ailleurs l'homme de combat est toujours moins pervers que l'homme de polémique. La presse n'est autre chose que la parole propagée indéfiniment; elle ne peut donc pas être plus libre, et doit même l'être beaucoup moins. Sa liberté illimitée ne profite qu'à une espèce de gens à part qui n'ont ni les vues, ni les intérêts des masses, et dont, pour le malheur de tous, elle fait un pouvoir dans l'état.

La France reconnaît maintenant combien elle a perdu à ne pas rester fidèle à son passé, et à rompre violemment la chaîne des temps. Elle a appris à ses dépens qu'un gouvernement ne peut pas reposer sur des maximes philosophiques et des idées révolutionnaires, mais doit être le produit naturel du temps, des mœurs, des idées et des besoins. Elle rejette toutes les chimères politiques et revient, par raison et par le sentiment de son salut, à son vrai gouvernement national, la monarchie. Le moyen le plus sûr et le plus sincère de la rétablir aurait été de rappeler au trône l'ancienne famille royale. La vraie monarchie paraît inséparable de la dynastie à qui la création de la royauté et de la nationalité françaises et huit siècles de règne ont donné la double consécration de l'œuvre et du temps, qui n'avait pu être ni détruite par les révolutions ni éclipsée par Napoléon, et qui, depuis 1814, n'avait démérité en rien du pays. Mais, tout en croyant à son droit et y faisant croire tout le monde par sa noble persévérance à le proclamer, la famille royale a oublié qu'elle devait à la France et qu'elle se devait à elle-même de tout tenter et de tout faire, comme aux temps de Charles VII et de Henri IV, pour se montrer digne du trône, pour le reconquérir et pour amener le triomphe du principe qu'elle personnifie. Elle s'est renfermée dans la plus regrettable inertie, et ses partisans ont conduit sa cause avec une impéritie et une pusillanimité des plus étranges. C'est en vain que se sont présentées de grandes occasions; la France en péril, revenue de ses préjugés révolutionnaires et de ses honteuses ingratitudes et prête à relever l'antique monarchie, pour peu qu'on l'y aidât, n'a jamais vu le descendant de ses rois se jeter au milieu des événemens et l'appeler à lui, et a dû alors chercher ailleurs un moyen de salut. Elle s'est tournée vers l'héritier de l'Empire, et s'est ralliée autour du nom qui a si glorieusement retenti par toute la terre et si fortement remué les masses.

Louis-Napoléon, plus pénétrant que les autres chefs de parti, a compris que la France de 1848, ne pouvant trouver son salut que dans son passé monarchique, se jetterait dans les bras des Bourbons ou des Bonapartes. Il s'est présenté résolument, fort des grands souvenirs militaires attachés à son nom et de sa foi en lui-même, a été mis à la tête de la république, et a marché alors avec fermeté à son but. Après avoir pendant trois ans habilement et patiemment tout préparé, il a su oser au moment opportun ; et, par une révolution militaire, la troisième due aux Bonapartes, il a opéré une rapide et immense transformation. Jamais peut-être l'influence d'un seul homme sur les destinées d'un pays n'a été aussi grande que dans cette circonstance. La France, énervée et hébétée par les révolutions, incapable de se débarrasser du régime détestable sous lequel elle gémissait, attendait passivement, sans oser la regarder en face, l'anarchie qui s'avançait à grands pas, quand Louis-Napoléon, prenant hardiment l'offensive, a couru au-devant du danger, l'a heureusement dissipé et a sinon sauvé, du moins raffermi la société ébranlée jusque dans ses fondemens. Il a vu aussitôt la nation tout entière à ses pieds, se mettant à sa merci, prête à renoncer à toutes les libertés, aux meilleures et aux plus essentielles aussi bien qu'aux plus mauvaises, disposée à croire qu'elle ne peut vivre que sous un pouvoir très-fort et sans contrepoids, et ne sentant pas assez ce que ces passages fréquens, subits et irréfléchis, d'un régime à un autre tout opposé, ont de blessant pour son caractère et sa dignité.

C'est ainsi qu'aux époques tourmentées, au milieu des troubles et des malheurs qui abaissent les âmes et rendent toutes les volontés flottantes, celui qui a un but fixe et qui sait vouloir et agir, amène tout le monde à lui, et devient le maître.

Louis-Napoléon a les grandes qualités de l'homme d'état et du souverain : volonté inébranlable, sûreté de tact, vigueur de décision, cœur vaillant, esprit élevé, hardi, peu scrupuleux. Il a su parvenir au trône, et il saura régner. Mais quelque favorable que lui soit la situation actuelle, la jeune dynastie des Bonapartes rencontrera de plus grands obstacles, intérieurs et extérieurs, que ceux qu'aurait eu à surmonter la vieille famille des Capétiens, et aura plus de peine à refaire la monarchie. Pour établir l'hérédité et asseoir une dynastie, il faut le temps auquel rien ne supplée, ni le génie, ni le savoir-faire ; et un trône n'est solide que lorsque la famille qui l'occupe a assez duré pour jeter de profondes racines dans le sol. Napoléon et Louis-Philippe sont tombés surtout parce qu'ils étaient les premiers, l'un d'une race, l'autre d'une usurpation domestique. L'hérédité paraît difficile dans la famille des Bonapartes; on dirait que, comme les Césars, ils ne peuvent l'avoir qu'indirecte et incertaine, et que le trône doit passer sans cesse d'une branche dans une autre, ce qui ne peut durer longtemps sans créer une situation et un régime qui ne sont pas la monarchie, mais le gouvernement des empereurs romains.

Les flatteurs du jour comparent, en effet, Napoléon à Jules César, Louis-Napoléon à Octave, et même déjà le siècle à celui d'Auguste, sans se douter que, s'ils ont raison, c'est là la plus triste ressemblance. Etre au temps d'Auguste, c'est sortir des guerres civiles et des crises révolutionnaires, non pour se replacer sur le terrain historique et rentrer dans la voie naturelle, mais pour arriver à la décadence et à la dégradation, pour tomber dans l'ère des Césars, c'est-à-dire dans le règne de la force seule. Est-ce-là la tendance définitive de la France à l'époque actuelle? On peut le craindre. Avant 1789, tout ce qui fortifiait l'autorité la contenait en même temps, et alors même qu'elle avait le droit de tout faire, elle n'en avait pas la faculté et encore moins le désir. Il n'y avait point d'élémens pour le despotisme; tout était incompatible avec la tyrannie, et quand la liberté n'était pas dans la loi, elle était dans les esprits et dans les mœurs. Aujourd'hui, c'est le contraire qui a lieu. La Révolution, et ce sont là ses véritables crimes, a renversé toutes les barrières, a tout nivelé et même tout pulvérisé; elle a créé l'omnipotence de l'état et la centralisation absolue du pouvoir qui ont tué toute vie provinciale et locale; elle a surtout changé les rapports des gouvernans et des gouvernés, a jeté entre eux une réciproque et funeste défiance, les a rendus ennemis déclarés. L'autorité a été sans appui moral, mais aussi sans limite, ou, pour mieux dire, il n'y a plus eu d'autorité, mais seulement un pouvoir n'ayant d'autre borne que la force. Entre les populations et les chefs de l'état, tout n'a plus été qu'une question de force, et le despotisme, impossible avant 1789, est devenu son-seulement possible, mais nécessaire. Une telle situation est une grande calamité morale que ne compense pas le bien-être matériel qu'elle peut donner momentanément, et on a pu voir en 1793 jusqu'à quel degré d'avilissement elle peut faire descendre la société.

Le gouvernement de la force, joint aux mauvaises passions et à tous les instincts dépravés, a pu reproduire à cette époque néfaste quelque chose d'aussi hideux que la servitude des Romains du temps de Marius et de Sylla et sous les empereurs. La tyrannie, perfectionnée par la civilisation, a même été plus profonde, plus tracassière, plus complète, sans être beaucoup moins sanglante.

Ce sont là les conquêtes et les bienfaits de la démocratie qui partout et toujours tue la liberté et engendre la servitude. A Rome, dont l'aristocratie avait fait la force et la splendeur, la démocratie a produit le régime des proscriptions, puis la tyrannie permanente. En France, où la liberté avait pu vivre sous l'aile de la monarchie, la démocratie a amené la Terreur, puis l'absolutisme. Rome a eu l'ère des Césars, la France aura-t-elle l'ère des Bonapartes? Oui, si l'ordre moral ne se rétablissant pas, Louis-Napoléon et ceux qui pourront gouverner après lui et dans les mêmes conditions ne peuvent mettre en pratique les vrais principes d'une monarchie loyale, sage et tempérée, et sont obligés de recourir au régime de la force. C'est là le côté effrayant de la situation, sinon pour le moment même, du moins pour un avenir qui peut n'être pas loin.

Quoi qu'il en soit, le gouvernement actuel est le seul possible, et l'intérêt du pays commande de s'y rallier. C'est la monarchie, trop peu libérale sans doute, mais telle que la comporte le moment. Une nouvelle crise, dans un sens ou dans un autre, pourrait aboutir à la ruine. Il faut, par des conseils sincères, par de raisonnables exigences, par une pression légitime, pousser le pouvoir dans la bonne voie. Les institutions actuelles peuvent, avec un gouvernement sage et modéré, devenir suffisamment libérales, relever la France et faire d'elle, non la Rome impériale, mais l'Angleterre de 1688. C'est alors que Louis-Napoléon, qui n'est encore qu'un accident heureux, sera vraiment le sauveur de la France, et pourra fonder une nouvelle dynastie, destinée à continuer l'œuvre de la grandeur française, qui ne peut être accomplie que par la monarchie.

L'Europe est satisfaite de voir éteint en France le foyer des révolutions ; mais elle a été trop tourmentée par l'ambition de Napoléon pour ne pas s'inquiéter en voyant une restauration impériale. Pour elle, l'Empire n'est qu'un souvenir de guerres et de conquêtes, de chutes de trônes et de destruction d'états, de procédés violens et injustes. Louis-Napoléon ne néglige rien pour dissiper des craintes, qui ont cours aussi en France ; il s'efforce de persuader au monde, et peut-être de se persuader à lui-même, que le nouvel Empire ne sera que la continuation de la paix, avec le souvenir d'une gloire immortelle et la dignité à l'extérieur ; mais des paroles et même quelques actes plus ou moins significatifs ne rassurent qu'imparfaitement et ne changent pas le fond des choses.

Le premier Empire a été tellement l'Empire de la guerre, que celui d'aujourd'hui aura bien de la peine à être l'Empire de la paix. L'origine d'un gouvernement lui fait une situation qui le jette souvent dans la voie même qu'il désire le plus d'éviter. Si on ne fait jamais la guerre par plaisir, on ne la fait pas non plus uniquement par nécessité ; elle n'est que trop souvent une affaire d'entraînement. Sans doute le gouvernement de Louis-Napoléon ne va pas briser à l'improviste les traités de 1815, envahir la Belgique et tenter une descente en Angleterre, et l'Europe, de son côté, ne va pas venir attaquer la France et s'opposer à l'Empire. Sans doute tout est bien changé depuis 1815, hommes, choses et circonstances ; les haines et les souvenirs irritans se sont affaiblis, l'esprit industriel domine l'esprit guerrier et aucun état ne paraît en ce moment songer à des conquêtes. Et cependant on sent qu'il faudra peu de chose pour jeter l'Europe dans la guerre, et l'on soupçonne que le nouvel Empire aura plus d'une fois une violente tentation de réparer les désastres de l'ancien, et de se faire le rédempteur de 1814 et de 1815. Ce doit même être une des causes de ce mouvement sans exemple dans l'histoire de la France, de cet entraînement irrésistible vers Louis-Napoléon. Pour le peuple et pour les soldats, le titre d'empereur a une signification toute guerrière. Si, depuis 1815, l'armée n'a jamais pesé sur le pouvoir, dans les questions de paix ou de guerre, peut-on dire aujourd'hui qu'il en sera toujours de même? On a vu, sous Louis-Philippe, l'opinion pencher plusieurs fois pour la guerre, et garder rancune au gouvernement qui l'avait évitée. Aujourd'hui, dans des circonstances semblables, la paix ne serait pas maintenue. En un mot, la situation est changée; une nouvelle cause de lutte européenne s'ajoute à toutes celles qui s'accumulent depuis longtemps : questions commerciales et maritimes, indépendance de l'Italie, affaires religieuses, interventions, rivalités de race, partage de la Turquie. Car, depuis 1830, la paix de l'Europe n'est qu'une duperie et un mensonge ; toutes les puissances entretiennent un effectif armé hors de toute proportion avec leur état financier ; on n'ose ni la paix, ni la guerre, et on laisse toutes les difficultés pendantes ; mais la guerre vient, parce qu'elle seule peut les résoudre.

C'est cette prévision de luttes plus ou moins prochaines et dans lesquelles le rôle de la France sera, comme toujours, si important, qui nous a fait parler de ses limites naturelles dont la possession est chaque jour plus nécessaire à sa sécurité. Sous Napoléon, elle les a dépassées sur plusieurs points, mais sans pouvoir s'établir solidement au-delà, et en allant trop loin elle les a compromises et a fini par perdre toutes ses conquêtes. Aujourd'hui, il ne s'agit pas plus de refaire cet Empire que celui de Charlemagne, mais il faut que la France acquière tout ce qui lui appartient par droit de nature et par condition d'existence, et qu'elle achève l'œuvre commencée par Hugues Capet et poursuivie depuis huit siècles et demi ; il faut que tout le pays entre l'Océan et la Méditerranée, entre les Alpes, les Pyrénées et le Rhin, soit enfin la France comme il a été autrefois la Gaule. Si c'est là ce que doit réaliser le nouvel Empire, il méritera bien mieux du pays que le premier ;

c'est d'ailleurs la seule chose possible aujourd'hui, et les difficultés sont assez grandes pour lui en faire un éclatant titre de gloire, le résultat sera assez beau pour lui attirer la reconnaissance du présent et de l'avenir. Ici, se présente une observation bien naturelle : pourquoi la France veut-elle être maintenant un empire et non un royaume comme autrefois ? pourquoi veut-elle que son souverain s'appelle empereur plutôt que roi ? Le titre de roi est plus juste que celui d'empereur, s'applique mieux aux conditions et à l'état du pays, rattache mieux le présent au passé, en un mot est plus français. Les motifs qui ont pu déterminer Napoléon à prendre le titre d'empereur ne subsistent plus, et d'ailleurs n'a-t-il pas rendu ce titre trop militaire, trop ambitieux, trop despotique ? N'est-ce pas là un des points du bonapartisme qu'il était bon de mettre de côté ?

Les limites naturelles et surtout la ligne du Rhin, voilà la question vitale pour la France. Elle aura beau mettre en culture les grandes étendues de son territoire encore en friche, s'assimiler l'Algérie, coloniser la Guyane, se couvrir de chemins de fer ; toutes ces grandes entreprises, qu'elle est d'ailleurs peu capable de réaliser, n'augmenteront ses forces qu'à la longue et ne lui donneront jamais ce que la possession de la rive gauche du Rhin peut seule lui donner, la sécurité pour sa capitale et le moyen de résister à une attaque de l'Europe. Sans la Belgique, le Nord et la Capitale de la France sont trop vulnérables ; mais la possession de la Belgique, n'est assurée que par celle de la ligne du Rhin, car si l'Allemagne reste maîtresse des deux rives de ce fleuve et de ses affluens de gauche, elle domine stratégiquement la Belgique et la frontière française. Que la France ne croie pas à l'utopie de la paix dont veulent bercer le monde certaines gens qui font de la politique une affaire de sentiment et non d'intérêt. La guerre est un de ces maux des sociétés humaines, qui contribuent à leur grandeur et qui ne disparaîtront jamais. Si la France renonce à toute idée de conquête et d'agrandissement; si elle s'endort dans son repos et s'endurcit dans sa chute; ce sera le signe certain de sa déchéance. Toute nation qui n'a plus d'ambition est une nation qui décline. Espérons que la France n'en est pas là ; qu'elle a pu éprouver, dans ces derniers temps, de la lassitude, de la langueur et même de la défaillance ; mais qu'elle n'a pas oublié son passé, et qu'elle n'oubliera pas le soin de son avenir.

Depuis la fin du XVIIe siècle, la France n'a ajouté à son territoire que la Corse, la Lorraine et quelques enclaves; elle a perdu de vastes et riches colonies, et il faudra bien du temps pour que l'Algérie la dédommage d'une telle perte. Depuis la même époque, l'Angleterre a conquis l'Inde, occupé l'Australie et pris pied sur tous les points importans du globe; la Prusse s'est élevée au rang des grandes puissances; l'Autriche s'est largement arrondie aux dépens de la Pologne, de la Turquie et surtout de l'Italie; la Russie s'est démesurément agrandie dans tous les sens. Aujourd'hui, l'Angleterre avance sans cesse dans l'Inde, et convoite l'Égypte; l'Allemagne manifeste toutes sortes de prétentions au Nord et au Midi. La Prusse et l'Autriche songent à faire incorporer à la Confédération Germanique toutes celles de leurs possessions qui n'en font pas partie, et veulent, l'une, absorber les états allemands, enclavés dans son territoire, l'autre, arracher de nouvelles provinces à la Turquie et à l'Italie. La Russie domine de plus en plus les provinces Danubiennes, pénètre au-delà du Caucase et a toujours les yeux fixés sur Constantinople. En présence de tels faits et de telles prétentions, la France se montre fort moderée en n'aspirant qu'à posséder ses limites, et ses ambitions territoriales sont les plus naturelles, les plus légitimes, les moins contestables ; elles sont les moins redoutables pour la situation générale du monde, et le jour n'est peut-être pas loin où leur réalisation sera devenue indispensable à l'équilibre européen.

FIN.

TABLE DES MATIÈRES.

Paris. — Imprimerie de E. Brière, rue Sainte-Anne, 55.

www.ingramcontent.com/pod-product-compliance
Ingram Content Group UK Ltd.
Pitfield, Milton Keynes, MK11 3LW, UK
UKHW031846260826
14628UKWH00002B/620

9 782013 447836